SOLI DEO HONOR ET GLORIA

EX LIBRIS R.P.

GEOGRAPH.

PLACIDIA

REGIS

S.ta HELENA AUG. DISC. GAL.

CARTES
DU CIEL
REDUITES
EN QUATRE TABLES,
CONTENANT
TOUTES LES CONSTELLATIONS:

Avec un Catalogue des noms, grandeurs, & positions des Estoilles, corrigées & calculées par longitudes & latitudes, pour l'An 1700.

En Latin, le François à costé.

Par le sieur **AUGUSTIN ROYER**
Architecte du Roy.

i

A PARIS,

Chez JEAN BAPTISTE COIGNARD, Imprimeur du Roy, ruë S. Jacques, à la Bible d'or.

Avec Privilege de Sa Maiesté.

1 6 7 9.

SOLI DEO HONOR ET GLORIA

EX LIBRIS R.P.

GEOGRAPH.

PLACIDIA

REGIS

Sta HELENA AUG. DISC. GAL.

Hoc signo vincis

Sufficientia

EX DEO

A

MONSEIGNEUR
LE DAUPHIN.

MONSEIGNEUR;

L'application que vous avez don-
née jusqu'à present aux Sciences,

& les lumieres que vous en avez tirées, me font efperer que vous agreerez la liberté que je prends de vous prefenter cet Ouvrage. Il contient en quatre Tables toutes les conftellations ; & un Catalogue des noms, pofitions, & grandeurs des Eftoilles ; enforte que par la feule infpection de ces Tables l'on les peut connoiftre. L'on a efté affez heureux, en faifant les obfervations neceffaires, de découvrir dix-fept Eftoilles entre les conftellations de Cephée, d'Andromede & de Pegafe, dont aucun Autheur n'a encore parlé, & qui n'ont efté marquées jufqu'icy dans aucun Catalogue ; ces dix-fept Eftoilles par leur difpofition reprefentent heureufement le Sceptre Royal & la main de Iuftice. L'on pourroit dire que ces Eftoilles qui font de tout tems au Ciel, auroient efté cachées aux yeux de tous les Aſtronomes juſques à aujourd'huy que la Gloire du Roy eſt ſi grande par toutes les Victoires qu'il vient de remporter ſur un nombre infini d'ennemis liguez contre luy, & par la Paix qu'il accorde enſuite ſi genereuſement à leurs inſtantes prieres, que le Ciel voulant donner des marques à la poſterité de la grandeur & de la douceur de ſon Regne, a conſacré les principaux ornemens de ſa Royauté, en faiſant paroiſtre ces dix-ſept Eſtoilles pour compoſer cette conſtellation : Ce qu'il y a de particulier, c'eſt que lors qu'elle paſſe au Meridien, la main de Iuſtice ſe trouve au Zenit de Paris capitale des Eſtats de ce grand Monarque, comme pour marquer que le bonheur de la France ſe renouvellant ſous ſon Regne, durera autant que

la Monarchie ; ce font les vœux
que fait,

MONSEIGNEUR,

Voftre tres-humble , tres-
obe'iffant , & tres-fidele
ferviteur
A. ROYER.

Extrait du Privilege du Roy.

PAR Grace & Privilege du Roy, donné à Verſailles le 16. jour de Novembre 1672. ſigné par le Roy en ſon Conſeil DALENCÉ, & ſcellé. Il eſt permis au Sieur AUGUSTIN ROYER Architecte du Roy, de faire graver, imprimer, vendre & debiter par tel Imprimeurs qu'il voudra choiſir, pendant ſept années, *les Tables Aſtronomiques, contenant toutes les Conſtellations celeſtes, &c.* par luy deſſeignées. Avec défences à tous autres en tel cas requiſes, comme il eſt plus au long porté audit Privilege.

Regiſtré ſur le Livre de la Communauté l'11. iour d'Avril 1679.

E. COUTEROT Syndic.

Achevé d'imprimer pour la premiere fois le 2. May 1679.

E iiij

MONITUM.

QUod prodit in lucem à duodecim annis conceptum opus, labor & in-solita rerum astonomicarum difficultas penè subverterant. Cum ex amicis quidam, praesertim pater Antelmus è Cartusia Divionensi perficiendum & vulgandum esse desperatum illud opus, in animum meum induxerunt, collatis plurimis observatio-nibus inter quas nulla fuere mihi potiores iis quas doctissimus Cartusianus accom-modavit multis siquidem annis insudans, erroribus antiquarum recensionum expur-gatis catalogum novum exegit, utilíque praxi commendavit, ad cujus normam & legem Planisphaericas ipse direxi tabulas, ea dumtaxat appositâ constellationum fi-gurâ qua spectatur in coelis, & neglectis imaginibus qua sunt in globo, cum nemo positus extra centrum eas sibi possit effin-gere. Caeterum aliquas è Bayero quem vulgo recipiunt omnes assumpsi, puta ge-minos & navem, & reliquas qua cum fa-

AVERTISSEMENT.

IL y a plus de douze ans que j'ay commencé cet Ouvrage ; mais le peu d'experience que j'ay en Astronomie, & la difficulté me l'avoient fait abandonner, lorsque quelques-uns de mes amis, & particulierement le R. Pere Anthelme Religieux de la Chartreuse de Dijon, mengagerent à le donner au public. Ce sçavant Religieux, qui m'a beaucoup aidé par les observations qu'il a faites depuis plusieurs années, ayant reconnu les erreurs des Catalogues anciens, & la difficulté de s'en servir, en a fait un nouveau, sur lequel j'ay dressé ces Tables Planispheriques, où j'ay mis autant qu'il m'a esté possible les figures des Constellations comme elles paroissent à la veuë, & non comme elles sont representées sur le Globe au centre duquel il faut s'imaginer estre pour les connoistre. Quelques-unes de ces figures

bula non conveniunt. Quæ ſi videbuntur
utilia ſic formabo tabulas ut vera ſtella-
rum diſpoſitio percipiatur & appareat in
leviſſimis fabuloſæ figuræ lineamentis.

In hoc catalogo ſtellæ Bayeri notantur
in prima columna litteris græcis & latinis. In ea vero quæ dicitur magnitudinum,
puncto. Cæterum quæ ſunt à Bayero correcta, lineola. Quæ à Patre Anthelmo,
cruce diſtinguuntur. Si qua fuerint nova
quas obſervaverit nemo, N. Si qua ſint ex
P. Riccioli deprompta, nec in Bayero re-
periantur, littera R. ſignabuntur in columna magnitudinum.

Cum authores inter ſe diſſideant & re-

ont esté faites conformes à celles de Bayer, comme l'Autheur le plus connu & le plus en usage, entr'autres les Jumeaux & le Navire qui ne conviennent point à la fable. Si dans la suite l'on trouve ces tables utiles on les fera toutes de maniere que leurs figures auront toutes leur rapport à la fable, & les trais en feront moins marquez, afin que les Estoilles soient plus apparentes.

Dans ce Catalogue les Estoilles de Bayer sont marquées dans la premiere colomne par les lettres de l'Alphabet Grec & latin, & par un petit point dans la colomne des grandeurs, & celles que Bayer à corrigées par une petite ligne; celles du Pere Anthelme par une Croix, & les nouvelles que personne n'a observées par une N. Il y en a aussi quelques-unes prises du Catalogue du P. Riccioli, qui ne se trouvent point dans Bayer, elles sont distinguées par une R. dans la mesme Colomne des grandeurs.

Comme il y a quelque difference

pugnent in terminis dexteri vel & finiſt.
propter figurarum everſionem in planiſphariis, utimur in hoc catalogo pro ſui
figurarum his verbis, Præcedentis & ſe-
quentis, Orientalis & Occidentalis, Borea-
lis & Auſtralis. Proinde catalogus hoc
modo conceptus, non ſolum ad convexita-
tem globorum, eorumque concavitatem, ſed
etiam ad hæc & Bayeri planiſpharia uſui
eſſe poteſt.

Stellæ quæ ſunt informes in planiſphariis Bayeri, literam I. præferunt in columna
magnitudinum.
  In his planiſphariis ſtellæ Bayeri litteris græcis & latinis inſigniuntur, ſicut
& in catalogo. Duplici quoque littera quæ-
dam inſigniores ſunt ut facilius diſtin-
guantur. Ea vero quæ ſunt informes in
figuris conſtellationum Bayeri, continentur
in iſtis & luteo colorantur, nova autem
rubro quod uſque adhuc factum non eſt in
iis etiam planiſphariis, quæ non ita pridem
in vulgus emanarunt plures ſtella 2. 3. 4.

entre les Autheurs fur les noms des
Eſtoilles, & meſme quelque contra-
rieté touchant ces termes de droit, &
de gauche à cauſe du renverſement
des figures fur les planiſpheres. L'on
ſe ſert dans ce Catalogue des mots de
precedente & ſuivante Orientale &
Occidentale, Boreale & Auſtrale, ſui-
vant que le requiert la ſcituation des
figures; ainſi ce Catalogue peut ſervir
à la convexité des globes & à leur con-
cavité, & par conſequent à ces planiſpheres, & auſſi à ceux de Bayer.
Les Eſtoilles qui ſont informes dans les
planiſpheres de Bayer ſont marquées
d'un I. dans la Colomne des grandeurs.
  Dans ces planiſpheres les Eſtoilles de
Bayer y ſont marquées comme dans le
Catalogue par les lettres de l'alphabet
Grec & Latin, & meſme il y en a quelques unes qui ſont marquées avec de
doubles lettres, pour les mieux diſtinguer. Les Eſtoilles qui ſont informes
dans les figures des Conſtellations de
Bayer ſont toutes compriſes dans celles
cy & ſont marquées de jaune, les nou-

5. & 6. *magnitudinis reperiuntur, qua li-*
cet in figuris esse debeant, cum ut informes
notatæ non sint, tamen extra illos sunt.
Præterquam quod ea sæpe figuris siniftra
sunt qua dextera esse deberent ut patet ex
ipso Bayero.

Longitudine & latitudine distinctus
catalogus signorum ordinem sequitur in
qualibet figura ; ita ut stellarum in glo-
bum & planisphæria translatio fallax esse
non posfit.

Præter stellas in catalogis astronomo-
rum adnotatas, decem & septem novas ob-
servavimus inter constellationes Cephei,
Andromeda & Pegasi qua talem inter se
situm obtinent, ut nulla describendis ac-
commodatior figura sit, quam Sceptrum
Regium & fustitia manus. Quo circa

velles le font de rouge, ce qui n'a pas efté fait jufqu'à prefent. Et mefme dans les nouveaux planifpheres qui ont efté mis au jour depuis quelque tems il s'y trouve plufieurs Eftoilles de la 2, 3, 4, 5, & 6, grandeur qui font hors des figures, & qui y devroient eftre comprifes, puis qu'elles ne font pas marquées pour informes dans les Catalogues, outre que leurs figures tiennent à gauche ce qu'elles devroient tenir à droit, comme il eft auffi dans Bayer, ce qui eft aifé à verifier.

L'on a fait ce Catalogue par longitude & latitude, fuivant dans chaque figure l'ordre des fignes; de forte que l'on ne fera point fujet à erreur lorfque l'on voudra pofer les Eftoilles fur le globe ou fur les planifpheres.

Outre les Eftoilles marquées dans les Catalogues des Aftronomes nous en avons obfervé 17. entre les conftellations de Cephée, d'Andromede & de Pegafe qui n'y font point; ces Eftoilles nouvelles fe trouvent tellement fcituées les unes à l'égard des autres

e ij

novam in hoc planisphærio constellationem effinximus.

Si verum est quod Astrologi non tantum verbis asserunt, sed res etiam ipsa loquens testatur eventus rerum & ea quæ notatu dignissima sunt in regionibus ab astris pendere, verbi gratiâ, servitutem Græcorum à capite Medusæ quod per Græciæ Zenith commeabat tum cum in potestatem Othomannorum principum venit. Quis non asserat constellationem sceptri & justitiæ manus qua primariam urbem, Regiæ Majestatis sedem summo cælestis verticis puncto respicit ad supremum gloriæ fastigium Imperium gallicum evecturam: quam egregiam & delectabilem spem ex tam numerosis victoriis, subactisque provinciis humanoque generi pacem humanissimè donatam nemo non adducat in gratiam Christianissimi Regis.

Nihil attinet hic ampliores harum tabularum explicatus atque exempla, ut melius dignoscantur stella, proponere. Co-

qu'il n'y a point de figure qui leur convient mieux que celle du Sceptre Royal & de la main de Justice ; aussi l'on en a fait une constellation dans ce planisphere , & comme l'Astrologie a attribué de tout temps la fortune des pays aux Astres ; la désolation , par exemple , & la servitude de la Grece à la teste de Meduse qui passoit à son Zenit au temps de l'invasion des Princes Othomans. Nous pouvons dire que la constellation de ce Sceptre & de cette main de Justice qui culmine maintenant & passe par le Zenit de la residence de Nostre-Grand Monarque & de la capitale de ses Estats , élevera son Empire au plus haut point de gloire où il ait jamais esté , ce que l'on avance avec d'autant plus de fondement que de grandes & riches Provinces conquises , & une Paix glorieuse donnée à tout le monde , en font des assurances trop visibles.

Il est inutile de donner un usage particulier de ces Tables, ny d'exemples pour en connoistre les Estoilles ;

gnita quippe major Ursa sive Plaustrum majus in polo Septentrionali, caterarum constellationum qua circum illam posita sunt cognitionem affert, & invenietur stella polaris qua secunda magnitudinis est in extremitate cauda minoris Ursa sive Plaustri minoris, ea quippe rectam efficit lineam cum duabus quadri majoris Ursa litteris α. & β. designatis.

In Ecliptica vero constellatio qua dicitur Orion, ubi tres stella qua vulgo tres reges, & ea qua dicitur delphin ubi quatuor stella tertia magnitudinis quas rustici vocant crucicula astivam; caterarum constellationum sibi vicinarum indices erunt.

Extra dubium est eos qui hac in re diligentius elaboraverint, & aptioribus instrumentis usi fuerint, multa correcturos. Praterquam quod mutantur in varia tempora plurima stella qua cum visa fuerunt ex oculis se subducunt, aut in eodem sta-

parce que connoiſſant la grande Ourſe vulgairement le grand Chariot dans le pole Artique ; il ſera facile de connoître les autres conſtellations des environs, & de diſtinguer l'Eſtoille Polaire qui eſt de la ſeconde grandeur au bout de la queuë de la petite Ourſe ou petit Chariot, & qui fait à peu prés une ligne droite avec les deux du quarré de la grande Ourſe cotté par les lettres α, & β.

Dans l'Ecliptique l'on ſe ſervira de la conſtellation Dorion, où il y a trois Eſtoilles que le vulgaire nomme les trois Roys. Il y a encore le Dauphin dans lequel l'on voit quatre Eſtoilles de la troiſiéme grandeur que les payſans nomment la croiſette d'eſté ; ces Eſtoilles ſerviront pour faire connoître les autres conſtellations voiſines.

N'ayant pas eu les inſtrumens propres pour obſerver avec la derniere exactitude, l'on ne doute pas que ceux qui travailleront ſur cette matiere ne trouvent encore des fautes à corriger, outre les changemens qui ſont arrivés

tu magnitudinis non persistunt, un nota-
tum est in catalogo.

Ecce autem quinque præcipuè quæspe-
Ctatæ sunt & evanuerunt: ut videre licet
in catalogo sub hâc figurâ*, in tabulis vero
sub orbiculatis ambitibus inumbratis, ma-
gnitudinem atque annum qui se videndas
obtulerunt adjunximus.

Prima quam in his planisphæriis ad-
notavimus sub cella Cassiopea detecta est
anno 1572. initio Novembris abiitque
mense Martio ann. 1574. Initio Veneris
magnitudinis poterat adæquari.

Secunda spectatur adhuc in Ceto sed
identidem & pro vicibus tertiam magnitudinis speciem assequitur, sensim evanes-
cens.

Tertia in pectore Cycni an. 1600. usque
ad an. 1629. principio nebulosa, iterum
mense Novembri an 1659. apparuit.

dans les differens temps à plusieurs Estoilles qui ont paru & qui ne paroissent plus, & d'autres qui ont changé de grandeur, comme il est marqué dans le Catalogue.

En voici cinq des principales qui ont paru & qui ne paroissent plus, qui sont marquées dans le Catalogue par cette figure * & sur les tables par des ronds ombrés, & aussi leur grandeur & l'année qu'elles ont paru.

La premiere est dans ces planisphe-res à la Chaise de Cassiopée, elle pa-rut en 1572. au commencement de No-vembre, & disparut au mois de Mars de l'année 1574. elle estoit d'abord aussi grande que Venus.

La seconde se voit encore dans la Baleine où elle paroist & disparoist tous les ans & vient jusqu'à la troisié-me grandeur, & disparoist petit à petit.

La troisiéme dans la poictrine du Ci-gne, en 1600. jusques en 1629. au com-mencement elle estoit nebuleuse, elle parut de nouveau au mois de Novem-bre 1659.

Quarta in serpentario sub finem Septembris an. 1604. tredecim menses aut circiter obtinuit, initio Iove major.

Quinta juxta caput Cycni ut patet ex observationibus Patris Anthelmi an. 1670. & 1671. tertia magnitudinis.

Unde quam operosa sint ac ferè impossibilia perfectissima generis istius opera, nemo non videt.

Modus collocandi novas stellas, planetas, cometas & catera phaenomena in planisphariis sine quadrante circuli vel quolibet alio instrumento:

Deinus aliquam stellam in quadro majoris ursa positam, linea recta ducetur ab α usque ad γ. Si per centrum stella transire videbitur, altera linea ducenda erit à β. usque ad δ quod si superius dicta stella centrum secaverit intersectionis punctus pro certo loco stella tenendus erit in planisphario.

La quatriéme dans le Serpentaire sur la fin de Septembre 1604. & dura 3. mois, où environ, d'abord elle estoit plus grande que Jupiter.

La cinquiéme proche la teste du Cigne par les observations du Pere Anthelme en 1670. & 1671. elle estoit de la troisiéme grandeur.

L'on doit juger par ces changemens qu'il est impossible de faire ces sortes d'ouvrages dans la derniere exactitude.

La maniere de poser sur ces planispheres les Estoilles nouvelles, les Planettes, les Comettes ou autres Phœnomenes sans quart de Cercle ny autre instrument.

Suposé qu'il y ait une Estoille qui paroisse dans le quarré de la grande Ourse, on tirera une ligne droite depuis α jusqu'à γ. Si l'on trouve qu'elle passe sur le centre de l'Estoille on tirera une autre ligne depuis β jusqu'à δ; & si elle coupe le centre de la susdite Estoille on sera asseuré que l'endroit où ses deux lignes seront coupez sera le

Longitudo vero vel latitudo sic in-dagatur, ea scilicet exigenda est distan-tia qua inter ecliptica polum & centrum stella intercedit & harente circini pedum altero in eadem eccliptica puncto cum ea-dem apertura lineam ubi gradus latitu-dinis sunt attingat circinus, & remanebit gradus latitudinis quadragesimus octavus cum triginta minutis. Quod ad longitudi-nem spectat regula vel filum è centro eius-dem poli per centrum stella dirigatur in cir-cumferentiam ubi duodena signa Zodia-ci suos habent gradus, & erit longitudo viginti graduum & viginti quinque mi-nutorum ♌ Animadvertendum est quò vi-ciniores stella fuerint, earumque linearum qua ducta sunt ex illis, intersectio magis accesserit ad angulum rectum, eo iustiorem operationem esse censendam. Idem obser-vabitur in exarandis lineis apparentibus motuum planetarum, cometarum & cate-rorum phænomenorum quæ quidem omnia facile distinguentur si prius observaveris per aliquot dies aliquo ne motu ferantur nec ne. Saturnus enim cursum suum perfi-cit & peragrat orbem signorum spatio 29.

veritable lieu e l'Eſtoille auquel lieu on la pourra poſer ſur le planiſphere.

Mais ſi l'on ſouhaitoit ſçavoir ſa longitude & ſa latitude, on prendra avec le compas la diſtance qu'il y a depuis le point du Pole de l'ecliptique juſ-qu'au centre de l'Eſtoille, le compas poſé ſur ce meſme point de l'ecliptique, & avec la meſme ouverture ſera porté ſur la ligne des degrez de latitude qui donnera 48. degrez 30. minutes pour ſa latitude, & pour avoir ſa longitude on poſera une regle ou un filet ſur le centre du meſme Pole qui paſſera ſur le centre de l'Eſtoille, & ira marquer ſur la circonference où ſont marquez les degrez des douze Cignes 20 degrez 25. minutes ♌. Il faut remarquer que plus les Eſtoilles ſeront proches & que les lignes qui en ſeront tirées ſe couperont plus aprochans de l'angle droit, plus l'operation ſera juſte. On pourra obſerver la meſme choſe pour tracer la ligne aparente du mouvement d'une Planette, d'une Comete ou d'un autre Phenomene. Mais pour

an. & 155. dierum : quapropter unius diei progressio sensibus accipi non potest. Neque etiam in Iove qui annis undecim & 313. dies aut circiter in lustratione sua consumit ; stella Martis annum unum & 320. dies aut circiter. Venus & Mercurius annuam Solis lustrationem 365. dierum spatio aut circiter consequuntur. Luna 27. diebus & 7. horis aut circiter. Hæ Planetæ semper in ecliptica gradiuntur nec latitudinem ejus unquam prætereunt. Cognoscuntur autem à lumine quippe quod planeta fixum habeat lumen, fixa vero stella rutilum & scintillans propter summam à terra distantiam. Si quando stellam insigniorem in Zodiaco suboriri contigerit quæ notata non sit in planisphærio planeta loco tene. Sin alibi quam in zodiaco stellam novam reputato. Cometa cæteraque phænomena suas habent peristases & adjuncta quibus distinguuntur à stellis & planetis.

les diftinguer d'une eftoile fixe, il faut obferver pendant quelques jours, pour fçavoir s'il y a du mouvement; car Saturne eft 29. ans 155. jours, ou environ, à faire fa revolution; ainfi en un jour fon mouvement n'eft pas fenfible. Ny mefme à Jupiter qui eft 11. ans & environ 313. jours. Mars un an 320. jours, ou environ. Venus & Mercure, en mefme tems que le Soleil, c'eft à dire en 365. jours ou environ. La Lune en 27. jours 7. heures ou environ. Toutes ces Planettes ne fortent jamais hors de la largeur de l'écliptique où elles font leur mouvement; l'on les pourra encore connoître, parce que la planette a une lumiere arreftée, & la fixe remuante & cintillante à caufe de la grande diftance quelle eft de la terre. On pourra mefme encore eftre quafi affuré que lors que l'on verra dans la largeur du Zodiaque une eftoile remarquable, qui ne fera pas marquée fur le Planifphere, que ce pourra eftre une planette : mais dans les autres

Cum fit longitudo stellarum in hoc Catalogo computata & in nostris tabulis posita pro anno 1700. ad quemvis annum sive preteritum sive futurum reduci potest sine sensibili errore intra quatuor secula, subtrahendo 51. secund. pro quolibet anno praterito, & totidem addendo pro quolibet anno futuro; ita ut pro 20. annis 17. min. longitud. addenda vel subtrahenda sunt.

Exemplum.

Quaritur qua erit longitudo Arcturi qui est in fimbria vestis Bootes in primo die Ianvarij anni 1680. sed longitudo Arcturi pro anno 1700. erit ♎ 20. gradus 4. min. 27. secund. ex qua si subtrahan.

parties du Ciel, on aura raifon de croire que ce foit une eftoille nouvelle. Pour les Comettes ou autres Phenomenes, elles ont toûjours quelque chofe de particulier qui les fait diftinguer facilement d'avec les eftoilles & les planettes.

La longitudes des Eftoilles eftant calculée dans ce Catalogue, & poféé fur nos tables pour l'année 1700. l'on la peut reduire à toutes autres années paffées ou à venir que l'on voudra, fans que l'erreur foit fenfible pendant quatre fiecles, en fouftrayant 51. fecondes pour chaque année paffée, ou en ajoûtant autant pour chaque année à venir ; en forte que pour 20. ans il faut adjoûter ou fouftraire 17. minutes de longitude.

Exemple.

L'on demande quelle fera la longitude d'Arcturus qui eft à la frange du Jupon du Bouvier au premier Janvier de l'an 1680. La longitude d'Arcturus pour l'an 1700. doit eftre ♎ 20.

tur 17. min. pro 20. annis quæ sunt discriminis inter annum 1680. & annum 1700. erit longitudo Arcturi ad ♎ 19. grad. 47. min. 27. secund. Si quæritur longitudo ejusdem Arcturi pro anno 1720. addenda sunt 17. min. & tunc erit longitudo ♎ 20. grad. 21. min. 27. secund. Sed ut facilius appareat quid substrahendum aut addendum ad longitudines huius Catalogi, subiunximus tabulam sequentem:

deg. 4. min. 27. fec. dont fi l'on fouf-
trait 17. min. pour les 20. ans qui font
de difference entre l'année 1680. &
l'année 1700. l'on trouvera la longitude d'Arcturus ♎ 19. deg. 47. minut.
27. fec. Si l'on demande la longitude
du mefme Arcturus pour l'année 1720.
il faut ajoûter 17. min. à la longitude du Catalogue, & elle fera alors ♎
20. deg. 21. min. 27. fec. mais afin que
l'on voye facilement ce qu'il faut
fouftraire ou ajouter aux longitudes de
ce Catalogue nous donnons la Table
fuivante:

mois.	sec	äs.	m. ſ.	äs.	m. ſ.	ans	d. m. ſ.
Janv.	4	1	0.51	13	11. 3	45	0.38.15
Fevr.	8	2	1 42	14	11.54	50	0.42.30
Mars	13	3	2.33	15	12.45	55	0.46.45
Avril	17	4	3.24	16	13.36	60	0.51. 0
May.	21	5	4.15	17	14.27	65	0.55.15
Iuin.	25	6	5. 6	18	15.18	70	0.59.30
Iuill.	30	7	5.57	19	16. 9	75	1. 3.45
Aouſt	34	8	6.48	20	17. 0	80	1. 8. 0
Sept.	38	9	7.39	25	21.15	85	1.12.15
Octo.	42	10	8.30	30	25.30	90	1.16.30
Nov.	47	11	9.21	35	29.45	95	1.20.45
Dec.	51	12	10.12	40	34. 0	100	1.25. 0

TABVLA
UNIVERSALIS
LONGITVDINVM
ET LATITVDINVM
STELLARUM

Correcta & aucta à D. Anthelmo Cartu-
siano Divionensi ad annum 1700.
completum.

Pars prima complecteus omnes Constellationes
Boreales.

TABLE
UNIVERSELLE
DES LONGITUDES
ET LATITUDES
DES ETOILLES

Corrigée & augmentée par D. Anthelme Chartreux à Dijon pour l'année
1700. complete
Premiere partie qui contient toutes les Constel
lations Boreales.

Not. Bay.	Nomina Stellarum.	Les noms des Estoilles.
I	Ursa minor.	La petite Ourse.
α	Extrema cauda vulgo polaris. Alrucaba.	Au bout de la queuë vulgairement la polaire.
	Contigua penultima cauda.	Proche la penult. de la queuë.
δ	Penultima cauda.	La penultiéme de la queuë.
	In crure posteriori	A la jambe de derriere.
ε	Qua in radice cauda.	A la racine de la queuë.
	Iuxta radicem cauda, non apparet.	Celle qui est proche & qui ne paroist plus.
	Australis in femore posteriori.	L'australe à la cuisse de derriere.
	Borealis ibidem.	La bor. à la mes.
ζ	Australis in latere praecedenti □	L'australe du costé precedent du □
θ	Qua iuxta hanc.	Celle qui est proche.
η	Borealis eiusdem lateris.	La boreale du mesme costé.
	Huic coniuncta.	La petite proche d'icelle.
	Ex 2 australis ad	L'australe des 2.

Sig.	Longitudo. Deg. Min. Sec.			Latitudo. Deg. Min. Sec.			Magnit. Grădeur.	
♊	24	26	47	65	59	50	2.	
	26	1	0	69	0	0	6	R
	27	6	0	69	46	30	4	
	27	40	0	79	30	0	6	N
♋	4	54	0	73	46	0	4.	
	8	30	0	73	0	0	6.	
	14	30	0	75	15	0	6	N
	15	30	0	76	30	0	6	N
	22	59	0	74	56	0	4.	
	26	22	0	74	15	0	6.	
	26	22	0	77	34	30	5.	
	27	0	0	76	50	0	6	N

Not. Bay.	Nomina Stellarum.	Les noms des Eſtoilles.
	catenam ſupra dorſum Vrſæ.	à la cheſne ſur le dos de l'Ourſe.
	Ibidem borealis.	La bor à la meſ.
β	Auſtralis in late-re ſequenti □	L'auſtrale du co-ſté ſuivât du □
γ	Borealis eiuſdem lateris.	La boreale du meſme coſté.
	In fronte.	Au front.
	Parua ad cate-nam infra na-ſum.	La petite à la cheſne ſous le muſeau.
	Sequens in ea-dem.	La ſuivante à la meſne.

	Urſa major.	La grande Ourſe.
2		
A	Ex 2. præcedens infra oculum.	La precedente des 2. ſous l'œil.
	Sequens.	La ſuivante.
π	Quæ in roſtro.	Au naſeau.
ο	Supra oculum præ-cedens.	La precedente ſur l'œil.
ρ	Sequens.	La ſuivante.
σ	Parua auſtralis.	La petite Auſtrale.
	Parua ſupra auri-culam.	La petite ſur l'o-reille.

Signes	Longitudo. Deg. Min. Sec.			Latitudo. Deg. Min. Sec.			Grãdeur.
♋	18	50	0	70	15	0	5 - †I
♌	4	24	0	71	20	0	4 - †I
	8	45	7	72	48	40	2.
	16	11	0	75	19	30	3.
	19	45	0	69	40	0	6 N
♍	2	30	0	74	0	0	6 N
	6	0	0	72	43	0	4 N
							19
_____				_____			
♋	17	34	0	44	22	15	5.
	18	36	0	43	55	43	4.
	19	2	30	40	2	45	4.
	19	51	0	47	50	50	5.
	21	10	30	47	44	46	4.
	21	12	0	47	0	0	6 R
	24	20	0	52	15	0	6 I.

Not. Bay.	Nomina Stella-rum.	Les Noms des Eſtoilles.
B	*Infra maxillam.*	Sous la machoire.
D	*Ad aurem.*	A l'oreille.
ϒ	*Borealis ſupra ma-xillam*	La borea e audeſſus de la machoire.
ι	*Pracedens pedis anterioris elati.*	La preced. du pied élevé de devant.
C	*Auſtralis colli, non apparet.*	L'auſtr du col qui ne paroiſt plus.
F	*Auſtralis in genu pedis elati.*	L'auſtr. au genou du pied élevé.
x	*Sequens eiuſdem pedis elati.*	La ſuiv. du meſme pied élevé
E	*Borealis in eodem genu.*	La boreale au meſ-me genou.
H	*Borealis colli, non apparet.*	La bor le du col ne paroiſt plus.
θ	*In ſequenti genu anteriorum pe-dum*	Au genou ſuivant des pieds de de-vant.
	Borealis ibidem.	La boreal. au meſ.
υ	*In pectore.*	A la poitrine.
φ	*In armo.*	A l'eſpaule.
α	*Borealis praceden-tis lateris qua-drati*, Dubhé.	La boreale du co-ſté precedent du ▢
β	*Auſtralis ibidem*, Mizart.	L'auſtrale au meſ-me.
λ	*Borealis pedis pra-cedentis poſte-*	La boreale du pied precedent

Signes	Longitudo.			Latitudo.			Gradeur.
	Deg	Min	Sec.	Deg.	Min.	Sec.	
♋	25	16	0	42	30	20	5.
	25	8	30	51	36	42	5.
	26	28	0	45	3	16	4.
	17	21	0	29	15	48	3.
	28	12	0	43	50	0	5.
	28	32	0	33	30	19	5.
	28	35	0	28	38	20	3.
	28	51	0	36	6	15	5.
	29	25	0	46	21	48	5.
♌	1	57	30	34	34	46	3.
	2	15	0	35	15	0	6.
	2	3	0	42	36	18	4.
	5	3	30	38	15	45	4.
	10	59	27	49	40	10	2.
	15	7	57	45	5	40	2.

Not. Bay.	Nomina Stellarum.	Les noms des Estoilles.
	rioris.	de derriere.
μ	Australis ibidem.	L'australe au mes.
ω	Australis in genu eiusdem.	L'australe au genou du mesme.
↓	Borealis ibidem.	La boreal au mes.
γ	Australis lateris sequentis quadrati.	L'australe du costé suivant du quarré.
δ	Borealis ibidem.	La bor. du mesme.
	Parva supra	La petite au deff.
χ	In femore.	A la cuisse.
ν	Borealis in posteriori pede.	La boreale au pied de derriere.
ξ	Australis ibidem.	L'australe au mes.
ε	Prima in radice cauda, Aliath.	La premiere à la racine de la queuë.
	Parva in clune.	La petite à la fesse.
ζ	Secunda in medio cauda.	La seconde au milieu de la queuë.
G	Parva Alcor supra pracedentem.	Le petit Alcor au dessus de la prec.
	Ex duabus parvis prima prope Alcor.	La 1. des deux petites proche Alcor.
	Sequens.	La suivante.
η	Vltima cauda, Benenas.	La derniere de la queuë.

Sig.	Longitudo. Deg. Min. Sec.			Latitudo. Deg. Min. Sec			Grãdeur.
♌	15	51	30	27	51	45	4.
	16	30	30	28	45	16	4.
	22	27	30	33	1	20	5.
	23	58	0	35	14	15	4.
	26	10	12	47	8	40	2.
	26	49	57	51	37	10	2.
	27	0	0	53	55	0	6 I
	29	35	0	41	30	15	4.
♍	2	15	0	26	14	18	4
	3	1	0	24	54	20	4.
	4	36	27	54	17	45	2.
	5	33	0	47	55	16	6 I
	11	21	53	56	21	10	2.
	12	0	0	56	50	0	6.
	15	40	0	57	28	0	6.-I
	16	55	0	57	59	0	6.-I
	22	37	7	54	24	10	2.
							39

Not. Bay.	Nomina Stellarum.	Les noms des Estoilles.
3	**Draco.**	**Le Dragon.**
E	Australis in secundo flexu.	L'australe dans le second ply.
δ	Borealis lucida in eodem flexu.	La bor. & luisante au mesme ply.
ρ	Media australis.	La moyéne austr.
σ	Borealis cuspidis primi △	La boreale de la pointe du 1. △
t	Australis lucida in secundo flexu.	L'australe & luisante au 2. ply.
υ	Borealis basis primi △	La boreale de la base du 1. △
τ	Australis in eodem triangulo.	L'australe au mesme triangle.
φ	Borealis basis secundi △	La boreale de la base du 2. △
χ	Australis in eodem 2. △	L'australe au mesme 2. △
ψ	In cuspide 2. △	A la pointe du 2. △
	Nova infra præcedentem.	La nouvelle sous la precedente.
	Parva in extremo caudæ.	La petite à l'extr. de la queuë.
λ	Secunda caudæ.	La 2 de la queuë.
ω	Tertia caudæ.	La 3. de la queuë.
	Proxima poli Zodiaci.	La plus proche du pole du Zodiaq.
χ	Quarta caudæ.	La 4 de la queuë.
Λ	Parva præcedës in	La petite prece-

Sig.	Longitudo. Deg. Min. Sec.			Latitudo. Deg. Min. Sec.			Grãdeur.
♈	2	25	0	77	30	30	5.
	13	48	30	82	48	0	3.
	16	45	0	78	8	0	4.
	28	6	0	80	53	0	4.
	29	9	0	79	24	0	3.
♉	16	40	0	83	4	0	4.
	11	2	30	80	37	0	4.
♊	6	53	0	84	47	0	4.
	7	56	30	83	3	30	3 †
♋	2	50	0	83	27	30	5.
	7	56	30	83	3	0	4. N
	22	20	0	63	18	29	6, ?
	22	54	0	58	8	10	4. R
♌	5	59	30	57	6	0	3.
	7	48	0	86	52	0	4.
	11	48	0	61	32	0	3.

Not. Bay.	Nomina Stellarum.	Les noms des Estoiles.
	3. flexu iuxta pedem Vrsa minoris.	dente au 3. ply proche le pied de la petite Ourse.
I	Parva prope 5. cauda.	La petite proche la 5. de la queuë.
A	Borealis in tertio flexu iuxta pedē Vrsa maioris.	La boreal. au 3. ply proche le pied de la petite Ourse.
α	Quinta cauda.	La 5. de la quene.
ζ	Borealis in tertio flexu iuxta pedē Vrsa minoris.	La bor. au 3. ply proche le pied de la petite Ourse.
	Ex 3. prima in linea recta ad polum Zodiaci.	La prem. des 3. en ligne droite au pole du Zodiac.
H	Sequens.	La su. vante.
G	Tertia.	La troisiéme.
ι	Qua in medio 4. flexus.	Au milieu du 4. ply.
η	Prima borealis post tertium flexum.	La premiere bor. aprés le 3. ply.
θ	Secunda australis.	La 2. australe.
μ	In lingua.	A la langue.
ν	In ore.	A la gueulle.
β	In capite.	A la teste.
ξ	In gena.	A la joüe.
γ	In capite iuxta aurem.	A la teste proche l'oreille.
B	Ex tribus prima in	La premiere des 3.

Sig.	Longitudo.			Latitudo.			Grandeur.
	Deg	Min.	Sec.	Deg.	Min.	Sec.	
♌	29	45	0	80	15	0	5. †
♍	0	39	0	65	17	0	5.
							alias 3.
	1	6	30	81	5	30	5. †
	3	32	30	66	35	0	3. al. 2.
	8	15	0	79	0	0	5. N
	28	13	30	84	45	0	3.
	29	43	0	83	17	0	5.
	29	44	0	81	40	0	5.
♎	0	44	0	71	3	0	3.
	9	17	0	78	51	0	3.
	13	50	30	74	10	30	3.
♏	20	18	30	76	16	0	4.
♐	5	36	30	78	14	30	4.
	7	41	30	75	20	0	3.
	20	25	0	80	20	30	4.
	23	46	7	75	2	10	1.

Not. Bay.	Nomina Stellarum.	Les noms des Eſtoilles.
	flexu colli.	au ply du cou.
D	*Quæ in medio.*	Celle du milieu.
C	*Tertia.*	La troiſiéme.
ο	*Seq. iuxta flexum.*	La ſuiv.proc.le ply.
π	*Prima 2. flexus.*	La prem. du 2.ply.

4	Cepheus.	Cephée.
η	*In flexu brachii bor.*	Au ply du bras bor.
θ	*Borealis ibidem.*	La bor. au meſme.
μ	*In extremo tiara.*	A l'extr. de la cour.
α	*Lucida in humero boreali.*	La luiſante à l'eſpaule boreale.
ι	*Ex 3. prima & auſtralis in tiara.*	L'auſtrale & pr.des 3.de la Couronne.
ζ	*Secunda.*	La ſeconde.
ν	*Auſtralis in collo.*	L'auſtrale au col.
	Borealis.	La borealle.
λ	*Tertia in tiara.*	La 3.à la couronne.
δ	*In fronte.*	Au front.
ξ	*In pectore.*	A la poitrine.
ι	*In humero auſtrali.*	A l'eſpaule auſtr.
β	*In latere boreali.*	Au coſté boreal.
ο	*In flex.brachii auſt.*	Au ply du bras auſ.
π	*In eodem latere.*	Au meſme coſté
γ	*In femore auſtrali.*	A la cuiſſe auſtrale.

Sig.	Longitudo. Deg.	Min.	Sec.	Latitudo. Deg.	Min.	Sec.	Grandeur.
♉	18	26	0	81	52	0	5.
	21	55	30	79	50	50	5.
	25	53	0	77	56	0	5.
≈	10	51	0	80	52	29	4.
♓	29	55	0	81	50	0	4.
♈	0	43	30	71	50	25	4.
	1	17	30	74	1	50	4.
	3	13	30	65	22	30	5. ✝
	8	36	30	68	56	50	3.
	9	19	0	60	0	20	4.
	9	52	30	61	4	30	4.
	10	40	0	65	0	0	5. ✝
	11	20	0	66	15	0	6. N
	11	30	0	61	45	0	5. ✝
	14	22	30	59	27	30	5.
	20	9	28	65	43	25	5.
	29	17	0	61	36	25	4.
♉	1	36	30	71	8	30	3.
	6	5	0	60	50	0	5. —
	17	32	0	65	26	0	5. —
	25	46	30	64	29	25	3.

Not. Bay.	Nomina Stellarum.	Les Noms des Estoilles.
ρ	In alvo.	Au ventre
χ	In femore boreali.	A la cuisse boreale.
	Parva sequens.	A la petite suiv.
ι	In genu australi.	Au genou austr.
	Prima inter crura supra clamidem.	La 1. entre les cuisses sur le jupon.
	Secunda.	La seconde.
	Tertia australis.	La troisiéme austr.
	Quarta borealis.	La 4. boreale.
	Quinta.	La cinquiéme.
	In tibia australi.	A la jambe austr.
	Sexta parva.	La 6. petite.
	In genu boreali.	Au genou bor.
	In tibia boreali.	A la jambe bor.
	Parva in eadem	La petite à la mes.
	In pollice pedis borealis.	Au poulce du pied boreal.
	Parva in. extrema sindone qua pendet ex manu Cephei.	La petite à l'extremité du linge qui sort de la main de Cephée.
	Sequens.	La suivante.
	In manu.	A la main.

Sig.	Longitudo.			Latitudo.			Gran-deur.	
	Deg.	Min.	Sec.	Deg.	Min.	Sec.		
♉	27	15	0	68	45	0	5 —	
	28	56	30	75	28	30	4.	
♊ J	1	7	0	77	0	0	6.	I
	8	7	0	59	9	28	6.	N
	8	52	0	67	40	0	6.	I
	11	27	0	67	19	0	6.	I
	12	36	0	64	28	0	6.	I
	16	37	0	68	1	0	6.	I
	18	15	0	65	0	0	4 †	I
	18	49	0	57	55	0	6	N
	19	25	0	66	17	0	6 —	I
	23	25	0	70	39	0	6	R
♋	12	15	0	67	15	0	4	N
	13	30	0	71	20	0	6	N
	25	30	0	64	30	0	4	N
♓	6	30	0	74	45	0	6	N
	9	45	0	72	17	0	4	N
	20	30	0	69	30	0	5	N

34

18

Not. Bay.	Nomina Stellarum.	Les noms des Estoilles.
5.	**Giraffa.**	**La Giraffe.**
	Vltima cauda.	La dr. de la queuë.
	Penultima cauda.	La pen. de la queuë.
	Antepenult. cauda.	L'ant. de la queuë.
	Borealis in femore posteriori.	La bor. à la cuisse de derriere.
	Australis ibidem.	L'australe à la mes.
	In extremo frani.	Au bout de la brid.
	In pede seq. poster.	Au pied sui. de der.
	Bor. in pede preced. posteriori.	La boreale au pied preced. de der.
	Australis ibidem.	L'austr. au mes.
	Ex 2. austr. in crure seq. anteriori.	L'austr. des 2. à la jábe suiv. de dev.
	Bor. in eodem.	La bor. à la mesine.
	In iliis.	Aux flancs.
	In armo.	A l'espaule.
	In cornu.	A la corne.
	In crure sequentis anterioris.	A la jambe suiv. de de devant.
	In parte poster. colli.	Au derriere du col.
	In crure anteriori.	A la jambe de dev.
	In pectore.	Au poitrail.
	In eductione cornu.	A la naiss. de la cor.
	Austr. in collo.	L'australe au col.
	In ungula pedis anterioris.	A l'ongle du pied de devant.
	Bor. in collo.	La boreale au col.
	Austr. in habenas.	L'aust. aux resnes.

Sig.	Longitudo. Deg. Min. Sec			Latitudo. Deg. Min. Sec			Gran-leur.
♉	29	45	0	34	45	0	6. I
♊	0	30	0	38	0	0	5. † 1
	1	0	0	39	20	0	4. † I
	5	45	0	41	15	0	5 N
	6	45	0	40	20	0	5 N
	7	34	0	53	33	29	6 I
	7	39	0	51	30	0	6 — I
	13	4	0	33	30	0	6 — I
	14	3	0	32	8	0	6 — I
	18	47	0	35	47	0	6 I
	18	58	0	37	17	0	6. I
	19	17	0	40	10	0	6 I
	19	33	0	42	53	0	6 I
	21	0	0	61	30	0	6. N
	21	4	0	34	10	0	6 — I
	23	8	0	57	52	0	5. R
	25	2)	0	36	27	0	6 — I
	27	37	0	45	33	29	6. I
	18	0	0	63	52	0	5. R
	29	7	0	56	16	28	6. I
	29	26	0	30	0	0	6. I
♋	1	20	0	59	19	28	6 N
	1	32.	0	54	44	30	6. I

Not. Bay.	Nomina Stella-larum.	Les Noms des Estoilles.
	Borealis ibidem.	La bor. au mesme.
	Extribus præcedens	La precedente des
	In naribus.	3. aux narines.
	In maxilla.	A la machoire.
	Ex tribus media in naribus.	La moyenne des 3. aux narines.
	Sequens.	La suivante.
6	Fluvius Jordanis.	Le Fleuve Iourdain
	Tertia in fluvio.	La 3. dans le fleuve.
	Ex 2. austr. in scaturigine.	L'australe des 2. à la source.
	Borealis ibidem.	La bor. au mes. lieu.
	Ex 2. sequent bor.	La bor. des 2. suiv.
	Australis.	L'australe.
	Nebulosa in fluvio.	La nebul. dans le fl.
	Prima sub pedibus anterior. Vrsa maioris.	La 1. sous les pieds de devant de la grande Ourse.
	Secunda.	La seconde.
	Tertia australis.	La troisiéme austr.
	Quarta.	La quatriéme.
	Quinta.	La cinquiéme.
	Sexta.	La sixiéme.
	Septima.	La septiéme.

Sig.	Longitudo.			Latitudo.			Gran-deur.	
	Deg.	Min.	Sec.	Deg.	Min.	Sec.		
♋	5	35	0	56	56	30	6.	I
	8	45	0	63	30	0	6	N
	9	16	0	60	48	30	4. ✝	I
	10	19	0	62	47	30	5. ♄	I
	11	36	0	62	5	28	6.	I
							28.	
♊	28	41	0	35	49	28	6.	I
♋	2	7	0	44	11	30	6.	I
	2	19	0	45	33	28	..	I
	3	55	0	34	50	30	6.	I
	4	22	0	30	23	28	6.	I
	11	45	0	25	30	0	neb.	N
♌	1	7	0	23	41	20	4.	I
	3	22	0	20	51	18	4—	I
	4	25	0	15	45	0	6—	I
	6	25	10	20	5	16	4.	I
	6	30	0	16	45	0	5—	I
	7	42	0	17	55	18	3.	I
	9	35	0	20	42	20	4.	I

Not. Bay.	Nomina Stellarum.	Les noms des Estoilles.
	Prima sub pedibus posterioribus Vrsæ maioris.	La 1. sous les pieds de derriere de la grande Ourse.
	Secunda.	La seconde.
	Tertia.	La troisiéme.
	Quarta.	La quatriéme.
	Quinta.	La cinquiéme.
	Sexta.	La sixiéme.
	Septima.	La septiéme.
	Prima super dorsum ♌	La 1. au dessus du dos du Lyon.
	Secunda.	La seconde.
	Tertia	La troisiéme.
	Australis in extremo fluvii.	L'australe à la fin du fleuve
	Borealis ibidem.	La bor. au mes lieu.
	Prima in flexu boreali.	La 1 dans le contour boreal.
	Prima sub cauda Vrsæ maioris.	La 1. sous la queuë de la grãde Ourse.
	Secunda in flexu boreali.	La 2 dans le contour boreal
	Secunda sub cauda rsæ maioris.	La 2 sous la queuë de la gr. Ourse.
	Tertia ibidem.	La 3. au mes. lieu.
	Quarta.	La quatriéme.

Sig.	Longitudo.			Latitudo.			Grandeur.
	Deg.	Min.	Sec.	Deg.	Min.	Sec.	
♌	15	37	0	21	53	91	4.— I
	20	20	0	25	4	17	4.— I
	21	32	0	2	50	20	4 † I
	24	47	0	21	28	19	5 † I
	26	44	0	24	58	15	4. I
	27	34	0	20	44	20	5. I
	27	45	30	17	38	40	5. I
♍	19	5	0	14	15	0	5 — I
	1	20	0	16	28	50	5. I
	6	16	30	16	45	45	5. I
	7	25	0	48	40	14	6. I
	7	45	0	49	42	15	6. I
	13	41	0	40	30	18	5. I
	17	27	0	52	25	14	6. I
	19	8	30	40	6	20	2. I
	19	26	0	49	27	12	6. I
	20	30	0	4)	0	18	6. I
	27	7	0	48	11	15	6. I
							31.

Not. Bay.	Nomina Stellarum.	Les noms des Estoilles.
7	Bootes , seu Arcto-philax,	Le Bouvier.
ϰ	*Prim. in manu bor.*	La 1. à la main bor.
	In annulo falcis.	A l'anneau de la faucille.
ι	*Secunda in manu.*	La 2. à la main.
θ	*Tertia in pollice.*	La 3. au poulce.
G	*4. in radice pollicis.*	La 4. à la racine du poulce.
λ	*In brachio.*	Au bras.
	Austr. intra falcem & brachium.	L'australe entre la faucille & le bras.
A	*In latere.*	Au costé
H	*Borealis intra fal-cem & brachium.*	La boreale entre la faucille & le bras.
E	*Parva in fimbria vestis iuxta po-plitem.*	La petite à la fran-ge du jupon pro-che le jarret.
I	*Ex 2. prima in fal-ce*	La 1. des 2. à la fau-cille
τ	*Ex tribus media in sequenti tibia.*	La moyenne des 3. à la jambe suiv.
ϰ	*Secunda in falce.*	La 2. à la faucille
γ	*In humero eiusdem lateris.*	A l'espaule du mes-me costé.
υ	*Australis in eadem tibia.*	L'austr. à la mes-me jambe.
ϰ	*Ibidem borealis.*	La bor. à la mes.
D	*In eodem femore.*	A la mesme cuisse.

Sig.	Longitudo. Deg.	Min.	Sec.	Latitudo. Deg.	Min.	Sec.	Grandeur.
♍	25	34	30	58	51	30	4.
	26	15	0	56	45	0	6 † I
	26	58	0	58	49	30	4.
	28	24	30	60	3	40	4.
♎	0	15	0	58	50	0	6.
	2	43	0	54	38	29	4
	10	46	0	55	30	0	6. I
	11	30	0	45	45	0	6 —
	11	45	0	58	30	0	6.
	12	54	0	31	0	0	6 —
	13	14	0	60	38	28	6.
	13	50	0	26	51	29	4.
	13	58	0	60	55	30	6.
	14	30	27	49	51	30	3.
	15	2	0	25	12	30	4.
	15	7	0	28	7	30	3.
	16	20	0	36	10	0	6 —

Not. Bay.	Nomina Stellarum.	Les noms des Eſtoilles.
ρ	Ex 2. bor. in cingulo.	La bor. des 2. à la ceinture.
σ	Auſtralis.	L'auſtrale.
α	Arcturus in fimbria veſtis Alramech.	Arcture à la frange du jupon.
β	In capite.	A la teſte.
	Parva infra Arcturum.	La petite ſous Arcture.
F	Parva altera prope Arcturum.	L'autre petite proche Arcture.
ε	In coxa ſub praeced. brachio.	A la hanche ſous le bras preced.
:	In talo praecedentis pedis.	Au talon du pied precedent.
π	In ſura praeced.	Au gras de la jambe preced.
ο	Bor. ibidem.	La bor. à la meſ.
ζ	Auſtralis.	L'auſtrale.
δ	In humero praeced.	A l'épaule preced.
ξ	In genu praeced.	Au genou preced.
♄	Ex 4. borealis in manu.	La bor. des 4. à la main.
ω	Auſtr. ibidem.	L'auſtr. à la meſ.
μ	In extremo litui.	Au haut du baſton crochu.
	In pede praecedl.	Au pied preced.
B	Parva borealis in manu.	La petite bor. à la main.
C	Auſtralis.	L'auſtrale.

Signes	Longitudo. Deg.	Min.	Sec.	Latitudo. Deg.	Min.	Sec.	Grandeur.	
♎	18	42	30	2	34	0	4 —	
	19	45	0	+2	9	32	4 —	
	20	4	27	31	0	40	P.	
	20	8	30	54	14	0	3.	
	21	0	0	27	30	0	6.	I
	22	21	0	31	45	0	6.	
	23	54	30	40	38	28	3.	
	25	28	0	22	7	0	5	N
	27	38	30	30	26	0	4.	
	28	36	0	31	20	29	4	
	28	51	30	27	53	33	3.	
	28	54	30	48	59	30	3.	
	29	17	0	33	50	30	4.	
	29	18	0	42	14	30	5.	
	29	36	0	40	13	0	5.	
	29	7	0	54	16	0	4 †	
♏	0	30	0	22	15	0	5.	N
	0	41	0	41	53	29	6.	
	1	5	0	40	30	0	5.	

Not. Bay.	Nomina Stellarum.	Les noms des Estoillles.
χ	*In lituo iuxta manum.*	Au baston proche la main.
ξ a	*In extremo litui.*	A l'extr. du bastő.
8	Corona borealis.	*La Courŏne boreale*
o	*Parva in 1. radio Corona.*	La petite sur le 1. rayon de la Cour.
π	*Sequens.*	La suivante.
θ	*In 2. radio.*	Au 2. rayon.
ß	*In interno Corona.*	Au dedans de la C.
π	*Parva in 3. radio.*	La petit. au 3. rayő.
α	*Lucida Corona,* Alpheca Munir.	La luisante de la Couronne.
x	*Qua supra nodum cinguli.*	Celle qui est au dess. du nœud du ruban.
λ	*Borealis supra pracedentem.*	La bor. au dessus de la preced.
γ	*1. post lucidam.*	La 1. aprés la luis.
	In medio Corona , non apparet.	Au milieu de la C. ne paroist plus.
ρ	*In nodo cinguli.*	Au nœud du rub.
δ	*2. post lucidam.*	La 2. aprés la luis.
ι	*Parva in Corona.*	La petite dás la C.
ε	*3. post lucidam.*	La 3. aprés la luis.

Sig.	Longitudo.			Latitudo.			Gran-deur.
	Deg.	Min.	Sec.	Deg.	Min.	Sec.	
♏							
	1	9	30	45	4	30	5.
	4	0	0	53	58	29	4.
							38.
	2	30	0	46	15	0	6. —
	2	51	30	46	50	28	5
	4	34	30	48	25	0	5.
	5	1	0	46	8	0	4.
	6	45	0	49	48	0	6.
	8	12	27	44	25	20	2.
	9	19	0	53	13	0	5. —
	10	0	0	55	45	0	5. —
	10	38	30	44	33	0	4.
	11	0	0	46	15	0	6.
	11	16	0	50	55	0	6. —
	12	49	0	44	52	0	4.
	14	26	0	48	24	0	6.
	14	56	0	46	9	30	4.

Not. Bay.	Nomina Stellarum.	Les noms des Estoilles.
τ	Borealis in cingulo austral.	La bor. sur le rub. austral.
σ	Sequens.	La suivante.
ν	Tertia.	La 3.
υ	Australis in extr. cinguli.	L'austr. à l'extremité du ruban.
ξ	Borealis supra.	La bor. au dessus.

9	Hercules.	Hercule.
?, ? b	Qua in flexo pede.	Celle du pied agenoüillé.
↓	Sequens.	La suivante.
μ, a	In talo.	Au talon.
χ	In tibia ejusdem pedis.	A la jābe du mesme pied.
υ	Ex 2. præcedens in sura.	La preced. des 2. au gras de la jambe.
φ	Sequens.	La suivante.
♥	Qua iuxta genu.	Celle qui est proche le genou.
G	In medio femore.	Au mil. de la cuiss.
?	Ibidem.	A la mesme.
R	In extremo clava iuxta manum.	Au bout de la mass. proche la main.
x	In medio eiusdem	Au milieu de la

Sig.	Longitudo.			Latitudo.			Grandeur.
	Deg.	Min.	Sec.	Deg.	Min.	Sec.	
♏	15	40	0	55	5	0	6 —
	16	45	0	52	50	0	6 —
	19	0	0	52	48	0	5 —
	19	40	0	48	30	0	6 —
	19	45	0	50	45	0	5 —
							19.
♎ ♏	28	32	8	57	15	0	4 —
	1	15	0	57	47	0	5. —
	2	30	0	56	15	0	6 —
	3	54	38	60	15	0	4 —
	4	9	10	64	22	15	4.
	7	23	12	63	50	14	4.
	10	9	40	65	54	15	4.
	17	58	17	62	28	17	5.
	19	15	39	63	13	20	4.
	19	30	0	57	14	0	5.

Not. Bay.	Nomina Stellarum.	Les noms des Estoilles.
	manus.	mesme main.
q	*Sequens.*	La suivante.
η	*In extr. cruris flexi pedis.*	Au haut de la cuiss. du pied agnoüil.
γ	*In brachio eiusdem lateris.*	Au bras du mesme costé.
P	*Nona clava iuxta manum.*	La 9. de la massuë proche la main.
β	*In humero eiusdem lateris.*	A l'épaule du mesme costé.
ζ	*In eodem latere.*	Au mesme costé.
S	*In eodem humero.*	A la mes. épaule.
ω	*Prima clava.*	La 1. de la massuë.
o.	*Octava clava.*	La 8. de la massuë.
H	*Secunda.*	La 2.
N	*Septima.*	La 7.
D	*In alvo.*	Au ventre
M	*Sexta austr. in supremo clava.*	La 6. australe au haut de la mass.
C	*Parva bor. in femore præcedenti.*	La petite bor. à la cuisse preced.
I	*Tertia clava*	La 3. de la massuë.
ι	*In præced. latere.*	Au costé preced.
L	*Quinta in suprema clava.*	La 5. au haut de la massuë.
K	*Quarta ibidem.*	La 4. au mes. lieu.
V	*Parva in alvo*	La petite au vêtre.
π	*Ex 3. prima in femore.*	La pr. des 3. sur la cuisse.

Sig.	Longitudo. Deg.	Min.	Sec.	Latitudo. Deg.	Min.	Sec.	Grandeur.
♏	21	32	40	37	18	15	4.
	22	15	0	36	45	0	6 ——
	24	34	40	60	22	0	3.
	25	2	10	40	5	0	3.
	25	40	0	33	40	0	6 ——
	26	54	37	42	47	15	3.
	27	28	12	53	10	0	3.
	27	30	0	41	40	0	6 ——
	27	40	0	35	5	0	5 ——
	27	50	0	29	40	0	6 ——
	29	30	0	33	45	0	6 ——
♐	0	9	0	27	45	0	6 —
	2	46	10	55	54	15	5.
	3	4	0	26	15	0	6 —
	3	56	8	58	14	16	5.
	3	55	0	31	15	0	6 —
	4	11	40	55	20	18	3.
	5	10	0	27	25	0	6 ——
	5	40	0	29	35	0	6 ——
	7	0	0	56	40	0	6 ——
	7	47	40	59	37	15	4.

Not. Bav.	Nomina Stellarum.	Les noms des Estoilles.
vv	Sequens in alvo.	La suiv. au ventre
X	Prima in alo prac. pedis.	La prem. au talon du pied preced.
E	Ex tribus media in femore.	La moyenne des 3. sur la cuisse.
	Ex 3. pr. in capite.	La 1.des 3.à la teste.
	Secunda.	La 2.
ʃ	In praced. humero.	A l'épaule preced.
ρ	Ex 3. sequens in femore.	La suiv. des 3. sur la cuisse.
æ	In cap.Ras alcheti.	A la teste.
Y	2. in talo praced.	La 2. au taló prec.
	Tertia in capite.	La 3 à la teste.
ι	In tibia praced.	A la jambe preced.
λ	In brachio praced.	Au bras preced.
Z	Nebulosa in pede.	La nebul.au pied.
μ	In medio eiusdem brachii.	Au milieu du mesme bras.
F	Parva in genu eiusdem lateris.	La petite au genou du mesme costé.
θ	In eodem genu.	Au mesme genou.
	Australis & prima serti.	L'australe & 1: du bouquet
ξ	Australis in baſ △ in spolio leonis.	L'aust. à la base du △ sur la dépouille du lyon.
	Secunda in serto.	La 2. au bouquet.
	Tertia parva.	La 3. petite.
ʋʋ	Bor. in baſi △ su-	La bor.à la base du

Sig.	Longitudo.			Latitudo.			Gran-deur.	
	Deg.	Min.	Sec.	Deg.	Min.	Sec.		
♐	8	0	0	55	10	0	6 —	
	8	31	40	71	19	17	6.	
	8	45	12	60	11	0	4.	
	9	40	0	35	50	0	6	N
	10	5	0	35	25	0	6	N
	10	37	7	47	46	15	3.	
	11	13	40	60	13	0	4.	
	11	58	7	37	22	15	3.	
	12	33	10	71	13	10	6.	
	13	25	0	34	0	0	6.	N
	15	43	9	69	21	20	3.	
	15	48	0	49	22	14	4.	
	19	26	8	71	4	18	neb.	
	21	2	12	51	16	0	4.	
	22	15	0	62	50	0	6 —	
	24	22	10	60	46	17	3.	
	25	0	0	39	0	0	5 —	
	25	4	10	52	46	20	4.	
	25	12	0	44	30	0	5 —	
	25	28	0	43	50	0	6 —	

Not. Bay.	Nomina Stella- rum.	Les noms des Eſtoilles.
	pra ſpoliam leo- nis.	△ ſur la dépoüil- le du lyon.
	Quarta in ſerto.	La 4. au bouquet.
	Quinta.	La 5.
	Sexta.	La 6.
	In brachio iuxta manum.	Au bras prés la main.
o	In cuſpide △ ſupra ſpoliam leonis.	A la pointe du △ ſur la dépoüille du lyon.
B	Ex 2. auſtralis in- fra △	L'auſt. des 2. ſous le △
A	Borealis.	La boreale.
T	Infra manum in parte inferiore ſer- ti.	Sous la main à la partie inferieure du bouquet.
	Parva in manu.	La petit. à la main.
	Ex 3. media in ſer- to.	La moyenne des 3. au bouquet.
	Auſtralis.	L'auſtrale.
	Borealis.	La boreale.
10.	Lyra , ſeu Vultur cadens.	La Lyre.
x	Auſtr. ala præced.	L'auſt. à l'aile prec.

Sig.	Longitudo.			Latitudo.			Grandeur.
	Deg.	Min.	Sec.	Deg.	Min.	Sec.	
♒	25	45	18	53	45	16	4.
	26	35	0	45	30	0	6 —
	27	30	0	44	15	0	5 —
	28	0	0	43	18	0	6 —
	28	45	0	50	5	0	6 — I
	28	45	10	52	18	20	4.
	28	50	0	54	12	0	5. —
♉	0	12	0	54	50	0	5. —
							6 —
	2	15	0	52	43	0	6 —
	2	55	0	46	5	0	5.
	10	20	0	43	48	0	4.
	10	30	0	41	15	0	4.
	12	30	0	45	50	0	5
							64.
	3	24	0	60	5	0	5 —

D

38

Not. Bay.	Nomina Stel- larum.	Les Noms des Eſtoilles.
μ	Bor. ibidem.	La bor. à la meſ.
α	Lucida lyra, Vega.	La luiſ. de la lyre.
ζ	Auſt. infra.	L'auſtr. au deſſous.
ι	Parva iuxta fe- mur.	La petite proche la cuiſſe.
β	Bor. ibidem.	La bor. au m. lieu.
ε	Parva in collo.	La petite au col.
δ	In eductione ala ſeq.	A la naiſſance de l'aiſle ſuiv.
γ	Ex 2. bor. infra lyram.	La boreale des 2. au bas de la lyre.
λ	Auſtralis infra.	L'auſtr. au deſſous.
	Iuxta caput in cin- gulo lyra	Proche la teſte au ruban de la lyre.
ι	In medio ſequentis ala.	Au milieu de l'aiſ- le ſuiv.
	In extremo pede.	A l'extr. du pied.
κ	Borealis in ala.	La bor. à l'aiſle.
	Borealis in extremo cinguli.	La bor. à l'extre- mité du ruban.
θ	Auſtr. in ala.	L'auſtr. à l'aiſle.
	In extremo ala.	A l'extr. de l'aiſle.

11.	Tigris Fluvius.	Le Fleuve du Tigre.
	Ex 4. pr. in origine verſ ſerpentariũ.	La pr. des 4. à la ſour. vers le ſerp.

Sig.	Longitudo.			Latitudo.			Grandeur.
	Deg.	Min.	Sec.	Deg.	Min.	Sec.	
♂	5	9	0	62	50	0	6 —
	11	6	27	61	47	0	P.
	13	49	28	60	25	31	5.
	14	27	0	55	15	29	6.
	14	40	0	56	4	30	3.
	14	37	30	62	26	30	5.
	17	34	0	59	25	31	4.
	17	34	30	55	5	30	3.
	17	43	29	54	31	0	6.
	21	0	15	66	16	2	4. I
	22	15	30	58	5	30	5.
	25	44	0	51	10	0	6 — I
	25	56	0	60	45	30	5.
	26	11	30	68	53	0	4. — I
	26	25	30	59	40	28	5.
♒	0	4	0	55	40	0	6. — I
							17
	—	—	—	—	—	—	
	—	—	—	—	—	—	
♐	26	8	0	27	59	0	4 † I

Not. Bay.	Nomina Stel- larum.	Les noms des Estoilles.
	Secunda media.	La 2. au milieu.
	Tertia australis.	La 3. australe.
	Parva borealis.	La petite boreale.
	Quarta in origine.	La 4. à la source.
	Borealior.	La plus boreale.
	Prima parva in fluente.	La pr. petite dans le courant.
	Secunda.	La 2.
	Tertia.	La 3.
	Quarta.	La 4.
	Quinta.	La 5.
	Sexta.	La 6.
	Septima.	La 7.
	In fluente sub cauda aquila.	Dás le courát sous la queuë de l'aig.
	Secunda ibidem	La 2. au mes. lieu.
	Prima inter sagittã & caput cygni.	La 1. entre la fleche & la test. du cygn.
	Secunda ibidem.	La 2. au mes. lieu.
	Tertia.	La 3.
	Quarta.	La 4.
	Quinta.	La 5.
	Sexta.	La 6.
	Septima.	La 7.
	Octava.	La 8.
	Nona.	La 9.
	Decima.	La 10.
	Vndecima.	La 11.
	Duodecima.	La 12.

Sig.	Longitudo.			Longitudo.			Grandeur.	
	Deg.	Min.	Sec.	Deg.	Min.	Sec.		
♓	26	15	0	26	27	0	4 †	I
	26	27	0	24	45	0	4. †	I
	27	42	0	32	10	0	6 †	I
	27	45	0	26	19	0	4. †	I
	27	58	0	33	2	0	4. †	I
	29	0	0	27	5	0	6 —	I
	29	30	0	27	35	0	6 —	I
♉	1	10	0	26	37	0	6.	R
	3	15	0	27	50	0	6.	N
	3	40	0	31	25	0	5	N
	7	20	0	29	50	0	6	N
	10	50	0	30	0	0	6 —	I
	13	30	0	35	33	0	5. †	I
	15	28	0	33	44	0	5 †	I
	21	23	0	44	0	0	4. †	I
	23	27	0	42	15	0	4. †	I
	24	14	0	48	5	0	6 —	I
	25	20	10	46	2	13	4 —	I
♒	0	24	0	46	20	0	6 —	I
	1	36	0	42	42	12	4 —	I
	2	59	12	44	1	10	4 —	I
	4	10	0	42	35	0	6 —	I
	5	45	0	44	25	0	6 —	I
	6	47	0	42	28	0	6 —	I
	7	15	0	46	45	0	6 —	I
	10	20	0	44	27	0	4 —	I

Not. Bay.	Nomina Stellarum.	Les Noms des Estoilles.
	Decimatertia.	La 13.
	Decimaquarta.	La 14.
	Decimaquinta.	La 15.
	Decimasexta.	La 16.
	Ex 6. pr. inter anconem ala cygni & caput delphini.	La pr. de 6. entre le coude de l'aisle du cygne & la teste du dauphin.
	Secunda.	La 2.
	Tertia.	La 3.
	Quarta.	La 4.
	Quinta.	La 5.
	Sexta.	La 6.
	Vltima.	La derniere.
12	Cygnus.	Le Cygne.
β φ	*In rostro.*	Au bec.
	In capite.	A la teste.
	Nova stella supra caput cygni erat anno 1670. & 1671.	L'estoille nouv. sur la teste du cygne qui app. en 1670. & 71. estoit à
	Sed anno 1700. conveniret.	En 1700. elle seroit au
	Ex duabus parvis	La bor. des 2 pe-

Sig.	Longitudo.			Latitudo.			Gran-deur.
	Deg.	Min.	Sec.	Deg.	Min.	Sec.	
♒	10	50	0	46	0	0	6 — I
	15	54	0	52	18	0	6 — I
	15	54	0	49	18	0	4 — I
	16	24	0	47	10	0	4 — I
	16	54	0	40	10	0	6 — I
	17	9	0	42	5	0	6 — I
	19	9	0	40	41	0	6 — I
	21	50	0	46	5	0	4 — I
	22	21	0	42	16	0	6 — I
	23	22	0	43	0	0	6 — I
♓	0	10	0	56	10	0	4. I
							38.
♉	27	5	31	49	3	0	3.
♒	0	46	0	50	43	0	5.
	1	55	0	47	28	0	* 3
	2	20	20	47	28	0	*

Not. Bay.	Nomina Stellarum.	Les noms des Estoilles.
	bor. in collo.	tites au cou.
χ	Australis.	L'australe.
ν	In medio colli.	Au milieu du cou.
κ	Ex 3. bor. in ala boreali.	La boreale des 3. à l'aisle boreale.
B	Prima parva in iunctione colli.	La pr. petite à la naissance du cou.
δ	In ancone ala borealis.	Au coude de l'aisle boreale.
ι	Ex 3. media ala borealis.	La moyenne des 3. à l'aisle boreale.
B	2. parva in eductione colli.	La 2. petite à la naissance du cou.
θ	Ex 3. australis in ala boreali.	L'australe des 3. à l'aisle boreale.
B	3. parva in eductione colli.	La 3. petite à la naissance du cou.
P	Nova stella in pectore Cygni anno 1600. in	La nouv. estoille qui apparut à la poitrine du cygne en 1600. estoit à
	Sed ann.1700. conveniret.	Seroit en 1700. au
C	Ex 4 parvis pr. in ala boreali.	La pr. des 4. petites à l'aisle bor.
	Ex 2. bor. iuxta pectus.	La bor. des 2. proche la poitrine.
	Australis.	L'australe.
γ	Lucida in pectore.	La luis. à la poitr.

Sig.	Longitudo.			Latitudo.			Gran-deur.	
	Deg.	Min.	Sec.	Deg.	Min.	Sec.		
≈≈	5	0	0	53	45	0	6.	I
	6	14	0	52	40	0	6.	
	8	59	0	54	20	0	4.	
	10	58	30	73	51	30	4.	
	12	4	0	54	40	0	6.	
	12	14	47	64	28	50	3.	
	14	1	30	71	32	0	4.	
	14	24	0	54	59	0	6.	
	14	43	0	69	43	0	4.	
	16	14	0	54	50	0	6.	
	16	15	0	55	30	0	3.	*
	17	33	27	55	30	0		*
	18	4	0	69	15	0	6.	
	19	37	0	53	13	0	6	R
	20	24	0	51	15	0	5.	1
	20	46	40	57	10	0	3.	

Not. Bay.	Nomina Stellarum.	Les noms des Estoilles.
*	*In ancone ala australi.*	Au coude de l'aisle australe.
D	*Ex 4. secunda borealis*	La 2. des 4. à l'aisle boreale.
o	*Ex 2. præcedens in pede boreali.*	La preced. des 2. au pied boreal.
E	*Ex 4. tertia in ala boreali.*	La 3. des 4. à l'aisle boreale.
ψ	*Quarta ibidem.*	La 4. à la mesme.
λ	*Borealis ala austr.*	La bor. à l'aisl aust.
o	*Sequens in pede bor.*	La suiv. au pied. b.
ζ	*Penul. ala austral.*	La pen. de l'aisl. ausl.
	In ala austr. iuxta pedem.	A l'aisle aust. proche le pied.
α	*In cauda cygni* Deneb.	La queuë du cygne.
ν	*In pede australl.*	Au pied austral.
υ	*In medio ala australis.*	Au milieu de l'aisle australe.
τ	*Sequens.*	La suivante.
μ	*In extremo ala.*	A l'extr. de l'aisle.
σ	*Borealis in ala iuxta pedem austr.*	La bo. à l'aisle proche le pied austr.
ξ	*In genu australi.*	Au genou austral
F	*Ex 2 parvis prac. in cauda.*	La prec des 2. petites à la queuë.
F	*Sequens*	La suivante.
A	*Prope genu austr.*	Proche le gen. ausl.
G	*Parva in extremo*	La petite à l'extr.

Sig.	Latitudo.			Latitudo.			Gran-deur.
	Deg.	Min.	Sec.	Deg.	Min.	Sec.	
♒							
	23	31	17	49	27	0	3.
	24	4	0	70	15	0	6.
	24	12	0	63	38	2	4.
	24	24	0	67	12	0	6.
	25	9	0	69	25	0	6.
	25	40	0	51	42	30	4.
	25	56	30	64	18	30	4.
	29	5	0	43	45	0	3.
♓	1	5	0	52	0	0	6. †
	1	15	12	9	57	20	2.
	1	54	0	55	0	0	4.
	2	10	0	48	0	0	4.
	4	25	30	50	34	0	4.
	5	55	0	38	40	3	3.
	6	15	30	51	31	0	4.
	6	43	30	56	37	10	4.
	8	39	0	61	3	0	6 ——
	10	40	0	60	50	0	6 ——
	10	14	0	56	20	0	6 ——

Not. Bay.	Nomina Stellarum.	Les noms des Eſtoilles.
	cauda partis auſtralis.	de la queuë de la partie auſtrale.
ρ	Sequens.	La ſuivante.
π	Ex 2. auſtralis in extrema cauda.	L'auſtr. des 2. au bout de la queuë.
π	Borealis.	La boreale.

13	Sceptrum.	Le Sceptre.
	In extremo cinguli auſtralis.	Au bord du ruban auſtràl.
	In parte inferiore ſceptri.	A la partie infer. du ſceptre.
	In extr. cing. bor.	Au bout du rub. b.
	In cingulo auſtr.	Sur le ruban auſt.
	In parte infer. manus Iuſtitia.	A la partie infe. de la main de Juſt.
	Prima iuxta nodum cinguli.	La pr. proche le nœud du ruban.
	In cingulo boreali.	Sur le ruban bor.
	Secunda iuxta nodum cinguli.	La 2. proche le nœud du ruban.
	Qua iuxta manũ.	Proche la main.
	Auſtralis in nodo cinguli.	L'auſt. ſur le nœud du ruban.
	Qua in pollice.	Au poulce.

Signes	Longitudo.			Latitudo.			Grandeur.
	Deg.	Min.	Sec.	Deg.	Min.	Sec.	
♓	14	9	0	58	38	0	6 —
	14	34	0	57	30	0	4 —
	17	54	0	60	35	0	4 —
	18	24	0	62	26	0	4 —
							39.
♓	20	25	0	44	45	0	5 N
	21	0	0	47	0	0	6 N
	23	5	0	52	45	40	5. N
	26	30	0	45	15	0	6 N
	26	55	0	44	10	0	6 N
	28	30	0	48	5	0	5 N
	29	45	0	51	45	0	5 N
♈	1	45	0	47	45	0	5 N
	2	45	0	51	45	0	5 N
	3	15	0	45	45	0	6 N
	3	45	0	53	38	0	5 N

Not. Bay.	Nomina Stellarum.	Les noms des Estoilles.
	In media manu.	Au mil. de la main.
	In indice.	Au doigt index.
	In radice digiti auricularis.	A la racine du petit doigt.
	In folio boreali lilii.	Au fleuron bor. de la fleur de lys.
	In medio lilii.	Au milieu de la fleur de lys.
	In folio australi lilii.	Au fleuron aust. de la fleur de lys.
14	**Cassiopeia.**	*Cassiopée.*
	Ex 2. in sindone post cathedram.	La bor. des 2. sur le linge derriere la chaire.
σ	*In brachio boreali.*	Au bras boreal.
τ	*Austr. in sindone post cathedram.*	L'aust. sur le linge derriere la chaire.
ρ	*In cubito boreali.*	Au coude boreal.
π	*Australis in medio palmæ.*	L'aust. au haut de la palme.
ο	*Sequens.*	La suivante.
ξ	*Borealis.*	La boreale.
λ	*Parva ad genam.*	La petite à la jouë.
ν	*Sequens borealis in*	La suiv. bor. à la

Sig.	Longitudo.			Latitudo.			Gran-deur.	
	Deg.	Min.	Sec.	Deg.	Min	Sec.		
♈	6	0	0	53	15	0	4	N
	6	30	0	55	50	0	5	N
	8	0	0	53	25	0	6	N
	11	15	0	49	20	0	6	N
	12	15	0	48	20	0	6	N
	12	30	0	47	20	0	6.	N
							17.	
♈	23	54	0	54	28	31	6.	I
	26	1	0	49	26	0	6.	
	26	54	0	52	40	30	5.	
	26	56	0	51	9	28	6.	
	28	16	30	38	10	29	6.	
	28	18	0	39	17	0	6.	
	29	19	0	41	27	0	6.	
♉	0	32	0	45	39	30	6.	

Not. Bay.	Nomina Stellarum.	Les noms des Estoilles.
	palma.	palme
β	*Lucida cathedra.*	La luif. à la chaire.
ζ	*In gena infra nasum.*	A la jouë fous le nez.
α	*In pectore* Sehedir.	A la poitrine.
η	*Sequens supra cingu'um.*	La fuiv. au deffus de la ceinture.
μ	*Pracedens in brachio auftrali.*	La preced. au bras auftral.
B	*Sequens.*	La fuivante
	Nova ftella anno 1572. erat in ed an. 1700. conv.	L'eftoille nouvelle eftoit en 1572. à Et feroit en 1700 à
υ	*Parva in a'vo.*	La petite au vêtre.
κ	*Qua proxima nova.*	Celle qui eft proche la novelle.
γ	*In alvo.*	Au ventre.
φ	*Qua pracedit genu.*	Celle qui precede le genou.
δ	*In genu.*	Au genou.
χ	*Parva ibidem.*	La petite au mef.
ι	*In crure boreali.*	A la jambe bor.
ψ	*Pracedens in pede cathedra.*	La prec. au pied de la chaire.
	Sequens.	La fuivante.
ω	*3. fequens.*	La 3. fuivante.
A	*Prima in extremo veftis.*	La premiere fur la queuë de la robe.
A	*Secunda.*	La 2.

Sig.	Longitudo.			Latitudo.			Grandeur.	
	Deg.	Min.	Sec.	Deg.	Min.	Sec.		
♉	0	54	0	41	16	28	6.	
	0	55	47	51	17	0	3.	
	0	57	0	44	42	0	4.	
	3	39	27	46	36	50	3.	
	6	0	0	47	6	30	4.	
	6	38	0	43	29	30	5.	
	7	36	30	43	8	0	4.	
	6	54	0	53	45	0	*	P
	8	42	5	53	45	0	*	
	8	14	0	47	33	0	6.	
	8	28	0	51	16	0	4.	
	9	49	27	48	47	50	3.	
	11	22	0	45	6	0	6.	
	13	42	57	46	23	50	3.	
	14	19	30	44	59	0	6.	
	20	35	30	47	30	29	3.	
	20	50	0	52	49	29	6.	
	21	55	0	3	40	0	5.	N
	23	20	0	52	10	0	6.	
	23	43	0	56	14	30	6.	I
	25	45	0	54	28	31	6.	

54

Not. Bay.	Nomina Stellarum.	Les noms des Estoilles.
	Tertia.	La 3.
	Quarta australis.	La 4. australe.
'	*In talo pedis bor.*	Au talõ du pied b.
	Quinta.	I a 5.
	Prima in scabello.	I a 1. sur le march.
	Secunda borealis.	La 2. boreale.
	Tertia australis.	La 3. australe.
	Quarta.	La 4.
	Quinta.	I a 5.

	Perseus.	Persée.
15.	*In extremo gladii.*	Au bout du coutel.
υ	*Sequens,*	La suivante.
φ	*Tertia.*	La 3.
G	*In capulo.*	A la garde du coutelas.
	Occidentalis in serpente capitis Medusa.	L'occidentale sur les serpens de la teste de Meduse.
	Bor. supra hanc.	La boreale au dess. de celle-cy
	Parva iuxta.	La petite auprés.
	Austr. in serpente.	L'aust. sur les serp.
H	*Ex 2. prima in manu boreali*	La pr. des 2. à la main boreale.
I	*In penna galea.*	A l'aigr. sur le cas.

Sig.	Longitudo.			Latitudo.			Grandeur.	
	Deg.	Min.	Sec.	Deg.	Min.	Sec.		
♉	26	55	0	53	40	0	5	N
	28	13	0	42	26	36	5.	I
	28	1	0	48	55	31	4 —	
	28	35	0	55	0	0	4	N
♊	1	33	0	52	5	30	6.	I
	3	8	0	53	17	28	6.	I
	3	46	0	45	10	39	6.	I
	5	30	0	48	7	30	6.	I
	6	9	0	49	27	38	6	I
							36.	
♌	8	14	0	35	22	0	4 —	
	10	28	30	36	50	0	5. —	
	13	15	0	37	20	0	6. —	
	15	7	0	37	0	0	6 —	I
	17	0	0	18	0	0	5 —	I
	17	42	0	20	53	40	4 —	I
	18	12	0	20	50	0	6 —	I
	19	10	0	17	0	0	5 —	I
	19	30	0	39	12	0	6 —	
	19	45	0	38	0	0	6 —	

Not. Bay.	Nomina Stellarum.	Les noms des Estoilles.
π	In oculo Medusæ.	A l'œil de Meduse.
χ	Secunda in manu.	La 2. à la main.
θ	In umero austr. sive in clypeo.	A l'épaule australe ou au bouclier.
ρ	Supra naf. Medusa.	Sur le nez de Med.
ω	In gena Medusæ	A la jouë de Med.
β	Cap. Meduf. Algol.	Le chef de Meduf.
	Australior infr serpentes.	La plus austr. au bas des serpens.
τ	In capite Persei.	A la teste de Perf.
x	In cubito australi sive clypeo.	Au coude austral, ou au bouclier.
η	In cubito boreali	Au coude boreal.
L	Parva infra clypeum in serpente.	La petite au bas du boucl. sur les serp.
ι	In pectore.	A la poitrine.
γ	In humero boreali.	A l'épaule bor.
o	In talari australi.	A la talonn. austr.
o	In eodem calcaneo.	Au mesme talon
κ	Parva infra cubitum borealem.	La petite sous le coude boreal.
α	Lucida in cingulo.	La luif. à la ceint.
σ	Prima in alvo.	La pr au ventre.
N	Parva in pede australi.	La petite au pied austral.
ζ	Ibidem.	Au mesme.
υ	In eodem femore.	A la mesme cuisse.
ψ	Secunda in alvo.	La 2. au ventre.
ξ	In crure australi.	A la jambe austr.

Sig.	Longitudo.			Latitudo,			Gran-deur.
	Deg.	Min.	Sec.	Deg.	Min.	Sec.	
♉	19	48	0	21	35	40	4
	19	59	0	39	1	10	5.—
	20	32	30	31	35	8	4.
	20	46	0	20	33	40	4.
	21	59	0	20	54	38	5.
	22	5	57	22	22	40	3.
	22	12	0	15	30	0	5 — I
	23	18	0	34	36	40	5.
	23	34	0	26	4	40	4.
	24	37	0	37	29	12	4.
	25	0	0	24	0	0	6 —
	25	1	0	30	37	0	4.
	25	54	30	34	30	4	3.
	26	45	0	14	45	0	6 —
	26	51	0	12	8	40	4.
	27	15	0	37	20	0	6.
	27	29	55	30	5	40	2.
	28	32	30	27	59	38	5.
	28	40	0	13	20	0	6.
	29	4	0	11	18	0	3.
	29	39	0	22	6	38	4.
	29	41	31	27	55	40	5.
♊	0	51	30	14	54	0	5.

Not. Bay.	Nomina Stellarum.	Les noms des Eſtoilles.
δ	*In umbilico.*	Au nombril.
ε	*In genu auſtrali.*	Au genou auſtral.
F	*Auſtralis in talari boreali.*	L'auſt. à la talonniere boreàle.
A	*In femore boreali.*	A la cuiſſe boreale.
F	*Borealis in eodem talari.*	La bor. à la meſme talonniere.
C	*In ſura boreali.*	Au gras de la jambe boreale.
λ	*In femore boreali iuxta genu.*	A la cuiſſe boreale proche le genou.
μ	*Infra genu boreali.*	Sous le genou bor.
D	*In eodem crure.*	A la meſ. jambe.
B	*In genu eiuſdem cruris.*	Au genou de la meſine jambe
M	*In inferiore parte eiuſdem pedis.*	A la partie infer. de la meſ. jambe
E	*In eodem pede.*	Au meſine pied.
	In extremo cruralis ligula.	Au bout de la jartiere.
16	Auriga.	Le Chartier.
	Ex tribus occidentalis in extremo veſtis ſupra talo	L'occidentale des 3. au bas du jupō au deſſ. du talon.

Sig.	Longitudo. Deg.	Min.	Sec.	Latitudo. Deg.	Min.	Sec.	Grandeur.	
II	0	53	0	27	14	39	3.	
	1	36	0	19	4	39	3.	
	3	38	0	17	50	40	5.	I
	4	0	0	29	31	40	5.	
	4	45	0	19	30	0	5.	
	5	33	0	26	11	38	5.	
	5	39	30	28	50	38	5.	
	6	42	0	26	39	40	4.	
	7	28	0	24	35	39	5.	
	7	41	30	28	23	10	5.	
	8	40	0	21	35	0	6	—
	9	29	0	18	56	40	5.	
	10	30	0	21	35	0	6	I
							46.	
II	11	28	30	14	51	13	5.	I

Not. Bay.	Nomina Stellarum.	Les noms des Estoilles.
	Secunda australis.	La 2. australe.
ι	In pede occidentali.	Au pied occidétal.
	Tertia borealis.	La 3. boreale.
ζ	In hœdo occidétali.	Au chevreau occ.
ε	In cubito occident.	Au coude occid.
η	In hœdo orientali.	Au chevreau oriét.
μ	Infra manum in femore occidétali.	Sous la main a la cuisse occident.
λ	In alvo.	Au ventre.
α	Capella, seu hircus Alhaioth.	La chevre ou le bouc.
	In capite capella.	A la teste de la chevre.
φ	Australis in femore occidentali.	L'austr. à la cuisse occidentale.
ρ	Parva in alvo.	La petite au vétre.
	Prima supra habenas frani inter cornua ♉	La pr. sur les resnes de la bride entre les cornes du ♉
	In armo capella.	A l'épaule de la chevre
ε	Borealis in femore occidentali.	La bor. à la cuisse occidentale.
	2. australis supra habenas frani.	La 2. aust. sur les resnes de la bride.
χ	In genu occidentali.	Au genou occid.
	Tertia in habenis.	La 3. sur les resnes
	Quarta.	La 4.

Sig.	Longitudo.			Latitudo.			Gran- deur.
	Deg.	Min.	Sec.	Deg.	Min.	Sec.	
II	11	55	0	14	3	15	5 I
	12	28	30	10	23	15	4.
	13	24	0	15	4	14	5 I
	14	29	30	18	10	0	4.
	14	35	0	20	53	15	4.
	15	13	30	18	13	0	4.
	16	22	0	15	23	0	5.
	17	30	0	17	0	15	5.
	17	40	2	22	51	45	P.
	17	45	0	31	24	0	6 — I
	18	13	30	11	16	14	5.
	18	16	30	18	36	0	6.
	18	24	0	2	17	0	6. † I
	18	25	0	27	25	0	6. I
	18	33	0	14	5	15	6.
	19	23	0	0	46	0	5. † I
	19	58	0	8	52	16	5.
	21	20	30	2	29	15	5 † I
	23	24	0	1	7	16	5 † I

F

Not. Bay.	Nomina Stellarum.	Les noms des Estoilles.
τ	1. in brachio orient.	La 1. au bras oriēt.
υ	In femore orientali.	A la cuisse orient.
ν	2 in brachio orient.	La 2. au bras oriēt.
	Quinta in habenis.	La 5 aux resnes.
ξ	Parva in vertice.	La petite au sommet de la teste.
	Sexta in habenis.	La 6. aux resnes.
θ	In femore orientali.	A la cuisse orient.
δ	In capite.	A la teste.
ο	In collo.	Au cou.
	In carpo	Au poignet.
H	Australis in habenis iuxta pedem Pollucis.	L'australe sur les resnes auprés le pied de Pollux.
π	Parva in humero orientali.	La petite à l'épaule orientale.
β	Lucida ibidem.	La luis. à la mes.
	Est 2. parvis prima supra.	La pr. des 2. petites au dessus.
	Secunda.	La 2.
χ	Quæ in fræno.	Au mors de la brid.
	Prima in parte sup. virga seu flagri.	La pr. & sup. de la verge, ou du foit.
	Secunda.	La 2.
	Tertia.	La 3.
	Quarta.	La 4.
	Quinta.	La 5.
	Sexta.	La 6.
	Septima.	La 7.

Sig.	Longitudo.			Latitudo.			Grandeur.
	Deg.	Min.	Sec.	Deg.	Min.	Sec.	
♊	23	36	30	15	44	0	5.
	23	59	0	13	50	15	6.
	24	8	0	15	44	13	5.
	24	48	0	4	7	15	5. † I
	25	2	0	32	16	15	4.'
	25	28	0	2	17	15	5. † I
	25	22	0	13	45	16	4.
	25	38	0	30	51	14	4.
	25	49	30	27	28	13	5.
	26	35	0	14	35	0	6.
	26	42	50	0	13	30	4 ∧ I
	27	6	0	22	12	0	6 —
	27	12	0	21	25	40	2.
	27	15	0	25	45	0	6 — I
	28	0	0	24	50	0	6 — I
	29	16	0	6	5	14	4.
♋	1	4	0	25	35	0	6 —
	3	39	0	16	40	0	6 —
	3	44	0	20	28	0	6 —
	3	54	0	18	15	0	6 —
	4	9	0	19	52	0	6 —
	4	14	0	23	45	0	6 —
	5	6	0	21	15	0	6 —

Not. Bay.	Nomina Stellarum.	Les noms des Eſtoilles.
	Octava.	La 8.
	Nona.	La 9.
	Decima.	La 10.
	Vltima in flagro.	La dern. du foit.
17	Ophiucus , ſeu Serpentarius.	Le Serpentaire.
δ	Borealis in manu occidentali.	La bor. à la main occidentale.
ε	Auſtralis.	L'auſtrale.
λ	In cubito occident.	Au coude occid.
υ	In genu occidentali.	Au genou occid.
⊹	In eodem pede.	Au meſme pied.
χ	Auſtralis in crure.	L'auſtr. à la jambe.
ς	In planta pedis, non apparet.	A la plâte du pied, elle ne par. plus.
φ	In crure.	A la jambe.
ζ	In poplite.	Au jarret.
ω	In calcaneo.	Au talon.
ι	Borealis in humero occidentali.	La boreale à l'eſpaule occident.
κ	Auſtralis ibidem.	L'auſt. à la meſme.
	In femore occident.	A la cuiſſe occid.
η	In femore orientali.	A la cuiſſe orient.
θ	In genu orientali.	Au genou oriental.

Sig.	Longitudo.			Latitudo.			Grandeur.
	Deg.	Min.	Sec.	Deg.	Min.	Sec.	
♋	5	10	0	22	15	0	6 —
	5	14	0	18	45	0	6.
	6	24	0	16	32	0	6 —
	11	45	0	14	40	0	6.
							47.
♏	28	11	37	17	18	20	3.
	29	24	0	16	30	0	3.
♐	1	30	0	23	39	0	4.
	2	24	0	13	18	20	5. —
	3	12	0	1	37	20	5. —
	3	34	0	3	10	19	5. —
	3	45	0	0	29	0	4.
	4	14	0	5	41	20	5.
	5	6	7	11	29	20	3.
	5	31	0	0	25	18	5.
	6	26	30	32	35	0	4.
	7	43	0	31	55	20	4.
	8	18	0	11	49	20	6.
	13	51	7	7	17	20	3.
	15	50	0	2	11	21	4 †

Not. Bay.	Nomina Stellarum.	Les Noms des Estoilles.
ε	Parva in pectore.	La petite à la poit.
	In alvo.	Au ventre.
F	Australis in capite.	L'auft à la tefte.
α	Lucida in capite, Ras alanguc.	La luifante à la tefte.
	Nova ftella erat anno 1604 in	La nouvelle eftoille eftoit en 1604. à
	Sed ann.1700 conveniret.	Seroit en 1700. à
μ	Sub cubito auftr.	Sous le coude auft.
β	In humero orient.	A l'efpaule orient.
γ	Australis ibidem.	L'auft.à la mefme.
ι	Austral. in manu.	L'auftr. à la main.
ν	Borealis ibidem.	La bor. à la mef.
	Stellæ auftrales hujus Côftellationis.	Les Eftoilles
ξ	Prima in crure orientali.	La pr. à la jambe orientale,
	Secunda ibidem.	La 2. à la mefme.
ι	Tertia.	La 3.
π	Quarta.	La 4.
D	Australis quinta cruris.	L'auftrale.& 5. de la jambe.
B	Sexta orientalis.	La 6. orientale.

Sig.	Longitudo. Deg. Min. Sec.			Latitudo. Deg. Min. Sec.			Gran-deur.
♐	16	45	0	27	10	0	6 —
	17	6	0	17	27	20	5. R
	17	58	0	32	15	0	6..
	18	17	7	35	56	15	3..
	17	40	0	1	56	0	*.
							P.
	19	1	4	1	56	0	*
	20	30	0	15	18	19	4.
	21	12	7	28	0	20	3..
	22	32	0	26	10	20	3.
	25	40	30	13	46	18	4.
	26	41	30	15	19	20	5.

auftr. de cette Constellation.

Sig.	Longitudo. Deg. Min. Sec.			Latitudo. Deg. Min. Sec.			Gran-deur.
♐	15	34	0	3	37	40	4 † A
	16	14	0	1	27	40	5 † R
	17	14	0	1	43	39	3 †
	18	14	0	0	59	40	4 †
	18	17	0	7	9	18	5 †
	19	32	0	0	57	39	4 †

Not. Bay.	Nomina Stellarum.	Les noms des Eſtoilles.
	Iuxta crus oriëtale extremo veſtis.	Proche la jâbe or. au bas du veſt.
18.	Serpens Ophiuchi.	*Le Serpent.*
	Prima infra maxillam.	La 1. ſous la machoire.
	Secunda.	La 2.
	Parva in rictu oris.	La petite à l'ouv. de la gueule.
	Tertia infra maxillam.	La 3. ſous la machoire
	Quarta.	La 4.
ι	*Supra oculum.*	Au deſſus de l'œil.
τ	*Prima parva in capite infra oculum.*	La pr. petite à la teſte ſous l'œil.
τ	*Secunda.*	La 2.
δ	*In primo flexu.*	Au pr. contour.
χ	*Parva ſupra.*	La petite au deſſ.
	Tertia parva in capite.	La 3. petite à la teſte.
ρ	*in vertice.*	Au ſom. de la teſte.
κ	*In occipite.*	Au derr. de la teſte.
β	*In eductione colli.*	A la naiſſ. du col.
υ	*Parva ſequens.*	La petite ſuivâte.
α	*Lucida ſub primo*	La luiſante ſous le

Sig.	Longitudo. Deg.	Min.	Sec.	Latitudo. Deg.	Min.	Sec.	Grandeur.
♓	21	51	0	4	30	0	4 A
							31.
♏	10	0	0	33	0	0	6 —
	11	35	0	33	55	0	6 —
	11	56	0	35	45	0	6 —
	12	30	0	33	15	0	6.
	12	54	0	34	30	0	6 —
	12	56	0	38	11	0	5.
	13	45	0	36	30	0	6 —
	14	0	0	34	20	0	6 —
	14	7	30	28	57	0	3.
	15	0	0	31	30	0	6 —
	15	5	0	36	5	0	6 —
	15	30	30	40	12	20	5.
	15	42	0	37	25	25	4.
	5	42	30	34	26	20	3.
	16	15	0	33	30	0	6 —

Not. Bay.	Nomina Stellarum.	Les Noms des Estoilles.
	flexu.	premier contour.
π	*In extrema crista.*	A l'extr. de la cref.
λ	*Bor. fupr. lucidam.*	La bor. fur la luif.
γ	*In collo.*	Au cou.
φ	*Auftralis fub hac.*	L'auf. fous celle cy.
ψ	*Occidentalis bafis* △.	L'occidentale de la bafe du △.
ε	*Quæ in cufpide* △.	Celle de la pointe du △.
ω	*Orientalis bafis* △.	L'orientale de la bafe du △.
A	*Ex 3. feq. borealis.*	La bor. des fuiv.
μ	*Auftralis.*	L'auftrale.
B	*Media.*	La moyenne.
σ	*In primo nodo prope cubitum occidentalem Serpentar.*	Au 1. nœud proche le coude occid. du Serpentaire.
ι	*In flexu fupra crus orientale.*	Au contour fur la cuiffe orientale.
ξ	*Ex 2. auftralis prope femur orientale Serpentarii.*	L'auft. des 2. proche la cuiffe orient. du Serpēt.
o	*Borealis.*	La boreale.
ζ	*Supra manum Serpentarii.*	Au deff. de la main du Serpentaire.
η	*In nodo fupra manum.*	Au nœud au deffus de la main.
D	*Ex 3. parvis borealis iuxta nodum.*	La bor. des 3. petites proc. du nœud.

Sig.	Longitudo.			Latitudo.			Gran-deur.
	Deg.	Min.	Sec.	Deg.	Min.	Sec.	
♏	17	50	47	25	33	50	2.
	17	55	0	42	36	0	4.
	18	15	0	26	36	0	4.
	18	27	30	35	24	0	3.
	18	45	0	34	40	0	6.———
	19	11	0	22	10	0	6 ———
	20	7	30	24	4	20	3.
	20	40	0	22	43	0	6 ——
	21	10	0	18	5	0	6 ——
	21	47	30	16	25	18	4.
	22	5	0	17	10	0	6 ——
	18	54	0	22	20	0	5 ———
♐	16	16	0	10	20	19	4 ———
	20	24	0	8	3	18	3.
	21	15	0	10	34	20	4.
	25	55	30	19	46	0	3.
♉	1	33	30	20	36	20	3.
	5	0	0	5	27	0	6.

Not. Bay.	Nomina Stellarum.	Les noms des Eſtoilles.
C	Auſtralis.	L'auſtrale.
E	Orientaľ	L'orientale.
	Ex 4. occidentalis in ultimo nodo.	L'occidentale des 4. au dern. nœud.
	Auſtralis.	L'auſtrale.
	Parva ſupra.	La petite au deſſ.
	Parva in ultimo flexu cauda.	La petite au dern. cont. de la queuë.
	Ex 4. borealis in ultimo nodo	La bor. des 4. au dernier nœud.
θ	In extremo cauda.	A l'ex. de la queuë.
	Parva infra.	La petite au deſſ.
D	Ex 3. auſtralis iuxta brachium Antinoi.	L'auſtr. des 3. proche les bras d'Antinous.
υ a	Media.	La moyenne.
C c	Borealis.	La boreale.

19.	Sagitta.	La Fleche.
e	Parva in penna auſtrali ſagitta.	La petite à l'empenon auſtr. de la fleche.
a		
β	In penna boreali.	A l'empenon bor.
δ	In penna auſtrali.	A l'empenon auſt.
ζ	Præcedens in me-	La precedente au

Sig.	Longitudo.			Latitudo.			Gran-deur.
	Deg.	Min.	Sec.	Deg.	Min.	Sec.	
♌	3	21	0	21	28	0	6.	
	5	27	0	22	48	0	6	
	5	58	0	14	45	0	4 — I
	7	45	0	13	15	0	6 — I
	8	15	0	14	25	0	6. I
	8	21	0	24	51	0	6. I
	8	45	0	18	40	0	4. I
	11	31	0	26	58	0	3.
	11	43	0	25	1	0	6. I
	16	54	0	20	35	0	6. I
	18	14	0	22	30	0	4. I
	18	30	0	23	50	0	6. I
							45.
♉	26	15	0	36	45	0	6 —
	26	51	40	38	52	13	4.
	27	2	13	38	17	10	4.
	29	18	12	38	57	40	5.

Not. Bay.	Nomina Stellarum.	Les noms des Estoilles.
	dio fagitta.	mil. de la fleche.
ζ	Sequens ibidem.	La fui. au mef. lieu.
γ	In fagitta prope cuf-pidem	Sur la fleche pro-che le fer.
ϰ	Præcedens in cufpi-de fagitta.	La preced. fur le fer de la fleche.
θ	Sequens.	La fuivante.
20.	Aquila feu Vultur volans.	L'Aigle ou le Vau-tour volant.
ι	Borealis in cauda.	La bor. à la queuë.
ζ	Auftralis.	L'auftrale.
ω	Ex 3. pr. in eductio-ne cauda.	La pr. des 3. à la naiff. de la queuë.
A	Secunda.	La 2.
B	Tertia.	La 3.
μ	In ala auftrali.	A l'aifle auftrale.
σ	Parva fequens.	La petite fuivante.
	In extremo ala bo-realis.	A l'extr. de l'aifle boreale.
χ	Parva ibidem.	La petite à la mef.
υ	Quæ infra luci-dam.	Celle qui eft fous la luifante.
γ	In eductione ala.	A la naiffance de l'aifle.

Sig.	Longitudo. Deg.	Min.	Sec.	Latitudo. Deg.	Min.	Sec.	Grandeur.
♂	29	54	0	39	30	10	6.
♒	2	55	10	39	12	10	4.
	5	28	0	39	18	0	6 —
	7	30	0	40	10	0	6.
							8.
♂	14	7	10	37	39	30	3.
	15	38	42	36	15	40	3.
	17	45	0	34	10	0	6 —
	18	15	0	35	0	0	6 —
	19	27	0	34	15	0	6 —
	22	39	43	28	45	40	4.
	23	37	14	26	34	10	5.
	25	35	0	41	0	0	5 — I
	26	28	0	32	20	0	6 —
	26	30	0	28	22	0	5 ✝
	26	49	13	31	17	10	3.

Not. Bay.	Nomina Stellarum.	Les noms des Eſtoilles.
ψ	Parva borealis ibidem.	La petite boreale au meſme lieu.
o	Parva auſtralis.	La petite auſtrale.
π	Altera parva.	L'autre petite.
x	Lucida in collo Altair.	La luiſáte au cou.
o	Borealis ſupra.	La bor. au deſſus.
ξ	Parva infra lucidam.	La petite ſous la luiſante.
β	In collo ſupra caput Antinoi.	Au cou ſur la teſte d'Antinous.
φ	Borealis ſub collo.	La bor. ſur le cou.
ρ	Infra anconem ala.	Au deſſous du coude de l'aiſle.
τ	In capite.	A la teſte.
	Ex 3. prima ſupra pennam fractam ala.	La pr. des 3. ſur la plume caſſée de l'aiſle.
	Secunda.	La ſeconde.
	Tertia prope delphinum.	La 3. proche le dauphin.
21.	Antinous.	Antinous
	Quæ in parvo digito pedis borealis.	Celle qui eſt au petit doigt du pied boreal.

Sig.	Longitudo.			Latitudo.			Grandeur.
	Deg.	Min.	Sec.	Deg.	Min.	Sec.	
♉	26	55	0	33	45	0	6.
	26	56	12	30	53	4	6.
	27	31	42	31	58	12	6.
	27	32	17	29	20	40	2.
	27	35	0	30	55	0	5 †
	28	10	0	28	45	0	5 †
	26	16	10	26	48	40	3.
	28	24	0	31	42	0	5 †
♒	1	35	0	36	10	0	5 —
	1	51	40	27	7	40	5 †
	2	45	0	37	13	0	6 —
	3	15	0	35	10	0	6 ...
	6	40	0	33	45	0	6 —
							.24
♉	10	40	0	16	59	0	6 — II

Not. Bay.	Nomina Stellarum.	Les noms des Estoilles.
G	In eodem pede.	Au mesme pied.
	Ex 2. parvis prac. in calcaneo.	La precedente des 2. petites au talô.
λ H	Lucida ibidem.	La luis. au mesme.
	Altera parva ibidem.	L'autre petite au mesme.
F	Parva in femore boreali.	La petite à la cuisse boreale.
δ E	In brachio boreali.	Au bras boreal.
x	In clune.	A la fesse.
ι	In femore australi.	A la cuisse austr.
η	In latere.	Au costé.
θ	In humero austral.	A l'épaule austr.
	In manu australi.	A la main australe.

22.	Delphinus.	Le Dauphin.
ε	Lucida cauda.	La luisante de la queuë.
η	Ex 4. parvis infra romboidem & caudam.	La boreale des 4. petit. entre le rôboide & la queuë.
x	Secunda australis.	La 2. australe
ι	Tertia supra hanc.	La 3. sur celle-cy.
ζ θ	Proxima pr. romboidem.	Proche la premiere du romboide.

Sig.	Longitudo.			Latitudo.			Grandeur.	
	Deg.	Min.	Sec.	Deg.	Min.	Sec.		
♉	11	52	12	16	56	0	4	I
	12	49	0	18	57	0	6 —	
	13	9	15	17	40	0	3.	
	13	10	0	18	40	0	6 —	
	17	10	0	16	30	0	6 —	
	19	24	15	24	55	0	3.	
	20	0	0	18	50	0	6 —	
	20	40	12	14	27	0	3.	
	21	40	41	20	14	0	3.	
	16	13	12	21	37	0	3.	
♒	0	44	40	18	17	0	3.	
							12.	
♒	9	55	12	29	7	0	3.	
	10	41	12	30	40	30	6.	
	11	5	12	27	33	0	6.	
	11	11	13	28	51	30	6.	
	11	40	10	32	7	30	5.	

Not. Bay.	Nomina Stellarum.	Les noms des Estoilles.
θ	Quarta parva.	La 4. petite.
β	Præced. lateris australis romboeides	La prec. du costé aust. du romb.
α	Præced. lateris bor.	La prec. du costé b.
δ	Seq. lateris austr.	La suiv. du cos. aus.
γ	Seq. lateris borealis.	La suiv. du costé b.
	Parva supra caput.	La petite au dessus de la teste.
23.	**Equuleus**	*Le petit Cheval.*
α	Præced. in capite.	La prec. à la teste.
γ	Præcedens in ore.	La prec. à la bouch.
δ	Sequens in ore.	La suiv à la bouch.
β ?	Sequens in capite.	La suiv. à la teste.
24.	**Pegasus.**	*Pegase.*
	Borealis in nube infra caput.	La bor. dans le nuage sous la teste.
•	Os Pegasi.	A la bouche de Pegase.
	Australis in nube	L'aust. dans le nua-

Signes	Longitudo.			Latitudo.			Grandeur.
	Deg.	Min.	Sec.	Deg.	Min.	Sec.	
♒	12	5	13	30	40	0	6.
	12	13	10	31	55	30	3.
	13	13	40	33	4	0	3.
	14	9	42	31	59	0	3. †
	15	15	12	32	46	0	3.
	15	21	0	37	30	0	6 — I
							11.
♒	18	55	40	20	11	40	4.
	19	17	12	25	15	0	4.
	20	17	40	24	51	0	4.
	21	17	42	21	5	0	4.
							4.
♒	26	14	0	33	20	0	4 I
	27	45	7	22	6	20	3.

Not. Bay.	Nomina Stellarum.	Les noms des Eſtoilles.
	infra caput.	ge ſous la teſte.
v	Preced. in capite.	La prec. à la teſte.
θ	Sequens.	La ſuivante.
x	In crure praced.	A la jambe preced.
	In nube infra collũ.	Dans le nuage ſous le cou.
ι	In poplite.	Au jarret.
ζ	Pracedens in collo.	La preced. au cou.
ξ	Sequens.	La ſuivante.
ε	Ex 2. parvis borealis infra.	La bor. des 2. petites au deſſus.
ρ	Auſtralis.	L'auſtrale.
π	In crure ſequenti.	A la jambe ſuiv.
λ	Ex 2. pracedens in pectore.	La preced des 2. au poitrail.
α	In ancone ala Marcab.	Au coude de l'aiſle.
μ	Ex 2. ſequens in pectore.	La ſuiv. des 2 au poitrail.
ο	Auſt. in genu ſeq.	L'auſt au gen. ſuiv.
ν	Borealis ibidem.	La bor. au meſme.
β	In femore Seat alfarac.	A la cuiſſe.
τ	Ex 2. parvis praced. in ala.	La prec. des 2 petites à l'aiſle.
υ	Sequens	La ſuivante.
φ	Ex 3. parvis pracedens in extremo ala.	La preced. des 3. petites à l'extremité de l'aiſle.

Sig.	Longitudo.			Latitudo.			Grandeur.	
	Deg.	Min.	Sec.	Deg.	Min.	Sec.		
)(	0	35	0	28	55	0	4	I
	1	8	30	15	42	0	5.	
	2	38	30	16	26	20	4.	
	4	46	4	36	41	20	4.	
	7	51	0	20	50	0	4.	I
	10	13	0	34	18	0	4.	
	12	2	30	17	40	0	3.	
	13	48	0	18	28	0	5.	
	14	7	0	15	42	20	6.	
	14	23	0	14	10	20	6.	
	15	26	0	40	39	20	4.	
	18	52	30	28	48	0	4.	
	19	19	37	19	24	50	2.	
	20	16	30	29	23	0	4.	
	20	48	0	34	23	18	5.	
	21	33	30	35	6	20	3.	
	25	14	7	31	8	20	2.	
	26	56	0	25	24	0	6.	
	28	29	0	24	49	19	6.	
♈	0	54	0	18	37	0	6 —	

Not. Bay.	Nomina Stellarum.	Les noms des Eſtoilles.
↓	*Secunda borealis.*	La 2. boreale.
γ	*Lucida in extremo ala* Algeneb.	La luiſ. à l'extrem. de l'aiſle.
χ	*Tertia auſtralis.*	La 3. auſtrale.
25.	**Andromeda.**	*Andromede.*
ο	*Quæ præcedit manum bor. ad annulum catena.*	Celle qui precede la main boreale à l'an. de la chaine.
α	*In cap.* Alpheratz.	A la teſte.
ι	*In pollice manus borealis.*	Au poulce de la main boreale.
κ	*Quæ in palma manus.*	Celle de la palme de la main.
λ	*In digitis manus.*	Aux doigts de la main.
↓	*Sequens in manu.*	La ſuiv. à la main.
σ	*Ex 3. auſtr. in brachio boreali.*	L'auſtrale des 3. au bras boreal.
ζ	*Quæ in brachio auſtrali.*	Celle qui eſt au bras auſtral.
ε	*In humero auſtr.*	A l'épaule auſtr.
θ	*2. in brachio bor.*	La 2. au bras bor.
ρ	*Tertia ibidem.*	La 3. au meſme.
↑	*Lucida in humero*	La luiſante à l'é.

Sig.	Longitudo.			Latitudo.			Gran-deur.
	Deg.	Min.	Sec.	Deg.	Min.	Sec.	
♈	4	50	0	23	20	0	6 ——
	5	0	7	12	37	2	2.
	6	21	10	17	35	0	6 ——
							2 5.
♈	4	22	0	44	0	30	3.
	10	9	3	25	42	10	2.
	11	50	0	40	56	39	4.
	13	8	0	41	44	30	4.
	14	9	0	43	49	42	4.
	15	45	0	43	0	25	5.
	16	20	0	31	33	15	5.
	16	31	0	17	48	20	4.
	16	47	0	23	3	39	4
	17	7	30	33	20	40	4
	17	29	0	32	14	38	5.

H

Not. Bay.	Nomina Stellarum.	Les noms des Estoilles.
	australi.	paule australe
η	In cubito australi.	Au coude austral.
π	In pectore	A la poitrine.
	In latere boreali.	Au costé boreal.
	Nebulos. iuxta cingulum.	La nebul. proche de la ceinture.
ι	In annulo cinguli.	A l'ann. de la ceint.
μ	In cingulo.	A la ceinture.
β	In med.cin.Mirach.	Au mil. de la ceint.
φ	In genu boreali.	Au genou boreal.
	Nova in femore australi.	La nouv. au dedans de la cuiss austr.
τ	Australis ibidem.	L'austr. à la mes.
ξ	In sura boreali.	Au gras de la jambe boreale.
ω	Parva sequens.	La petite suiväte.
υ	In femore australi ad genu.	A la cuisse australe proche le genou.
	Pracedens in veste prope △.	La prec. à la robe proche le △.
χ	In crure boreali.	A la jäbe boreale.
A	Ibidem.	A la mesme.
	Sequens in veste prope △.	La suiv. sur la robe proche le △.
γ	Prac. in tibia aust. Alamac.	La precedente à la jambe australe.
B	Sequens ibidem.	La suiv. à la mes.
C	In planta pedis borealis.	A la pláte du pied boreal.

Sig.	Longitudo.			Latitudo.			Gran-deur.
	Deg.	Min.	Sec.	Deg.	Min.	Sec.	
♈	17	41	30	24	20	30	3.
	18	15	,0	15	58	25	5.
	18	28	30	27	6	40	5.
	22	15	0	32	0	0	5 †
	23	10	0	33	25	0	neb. †
	14	15	0	32	13	10	4 †
	24	45	20	29	48	0	4. †
	26	11	0	25	58	30	2.
♉	2	18	0	36	20	25	5.
	4	28	0	28	50	0	4 N
	4	45	0	27	55	0	5.
	5	22	0	34	40	30	5.
	6	15	0	34	10	0	6 ——
	6	28	0	28	59	30	5.
	6	40	0	23	0	0	5. I
	6	52	0	32	40	25	5
	7	10	0	34	45	0	6.
	9	30	0	23	10	0	5. —— I
	10	1	44	27	47	10	2.
	13	40	0	27	50	0	6 ——
	16	0	0	30	40	0	6 ——

Not. Bay.	Nomina Stellarum.	Les Noms des Estoilles.
	In fimbria vestis supra pedem aust. In extremo pede boreali.	Au bord de la robe sur le pied auf. Au bout du pied boreal.
26.	Triangulum.	Le Triangle.
α	In apice trianguli.	A la pointe du △.
ε	In latere boreali △.	Au costé bor du △.
β	Borealis in basi △.	La boreale à la base du △
γ	Australis.	L'australe.
δ	Parva supra hanc.	La pet. sur celle cy.
		ε.
27.	Lilium.	La Fleur de lys.
	Ex 2. praceil. in parte superiore lilii.	La preced. des 2. à la partie superieure de la fleur.
	Sequens.	La suivante.
	x 2. pracedens in parte inferiori.	La prec. des 2. à la partie inférieure.
	Sequens.	La suivante.
	Lucida.	La luisante.

Sig.	Longitudo.			Latitudo.			Gran-deur.
	Deg.	Min.	Sec.	Deg.	Min.	Sec.	
♉	16	15	0	23	15	0	5 —— 1
							6. 1
	16	50	0	34	7	0	
							34.
♉	2	41	0	16	49	50	4.
	6	26	0	19	25	0	5.
	8	11	30	20	33	20	4.
	9	20	0	18	57	24	4.
	9	21	0	19	19	25	5.
							5.
♉	7	48	0	14	10	0	5 N
	10	25	0	14	45	0	5 N
	11	57	30	10	30	0	5 1
	12	45	30	11	15	30	4. 1
	14	2	30	10	25	30	5 1

Not. Bay.	Nomina Stellarum.	Les noms des Estoilles.
	Ex 2. præc. in medib' lilii. Sequens.	La precedente des 2. au fleuron. La suivante.
28.	Coma Berenices.	La Chevelure de Berenice.
	Austral. supra ambitum comæ.	L'aust. sur le tour des cheveux.
A	Borealis intra ambitum.	La bor. au dedans du tour.
	Australis ibidem.	L'aust. au mesme.
	Quæ propior boreali.	La plus proche de la boreale.
	Quæ propior australi.	La plus proche de l'australe
	Vltima in ambitu.	La der. dãs le tour.
	Australis basis parvi △.	L'austr. de la base du petit △.
	Borealis.	La boreale.
	In apice △.	A la pointe du △.
	Quæ in apice magni △.	Celle de la pointe du grand △.
	Borealis in basi magni △.	La boreal. à la base du grand △.
	Australis ibidem.	L'aust. à la mesme.
	Borealis supra △.	La b. au dess. du △.

Sig.	Longitudo.			Latitudo.			Grandeur.	
	Deg.	Min.	Sec.	Deg.	Min.	Sec.		
♉	14	13	30	12	25	0	4.	I
	16	40	0	14	10	0	5	N.
							7.	
♍	19	24	0	23	28	25	4.	
	19	41	0	28	14	20	3.	
	19	49	0	25	49	13	4.	
	20	6	0	27	22	0	4.	
	20	12	30	26	5	20	4.	
	20	43	0	27	5	15	4.	
	22	15	0	24	54	20	4.	
	22	34	0	25	14	22	4.	
	24	16	0	23	58	50	4.	
	25	41	0	30	14	22	4.	
	29	13	30	31	40	25	4.	
	29	39	0	28	30	20	5.	
♎	0	22	30	32	44	20	4.	
							15.	

Not. Bay.	Nomina Stellarum.	Les noms des Estoilles.
29.	*Pars secunda complectens duodecim constellationes Zodiaci.*	Seconde Partie qui contient les douze signes du Zodiaque.
	Aries.	*Le Belier.*
γ	*In aure.*	A l'oreille.
ι	*In collo.*	Au cou.
β	*In cornu praced.*	A la corne preced.
λ	*In vertice.*	Au sõm. de sa teste.
κ	*Parua in cornu sequenti.*	La petite à la corne suivante.
α	*Lucida ibidem.*	La luis. à la mes.
ν	*Parua inter oculos.*	La petite entre les yeux.
	Borealis in cornu sequenti.	La bor. à la corne suivante.
θ	*Ad nares.*	Aux narines.
μ	*In dorso.*	Au dos.
ρ	*In lumbis.*	Aux reins.
π	*Praced. in femore.*	La prec. à la cuiss.
ρ	*Sequens.*	La suivante.
ε	*In eductione cauda.*	A la naiss. de la qu.
δ	*Ex 3. pracedens in cauda.*	La precedente des 3. de la queuë.
ζ	*Sequens.*	La suivante.
τ	*Tertia & ultima.*	La 3 & derniere.

Sig.	Longitudo. Deg. Min. Sec.			Latitido Deg. Min. Sec.			Grandeur.
♈	18	59	27	7	8	0	4. B
	29	19	27	5	23	30	5.
	29	45	27	8	28	30	4.
♉	1	30	0	10	48	0	5 —
	3	3	29	9	12	30	6.
	3	28	29	9	56	30	3.
	3	56	30	7	22	30	6.
	4	50	0	11	45	0	5 N
	4	42	30	5	42	0	6 B
	9	48	30	4	0	30	6.
	9	58	30	6	6	30	6.
	10	57	30	1	6	30	6.
	12	44	30	1	11	30	6.
	14	19	30	4	8	0	5.
	16	37	30	1	46	0	4.
	17	46	30	2	49	30	5.
	19	13	0	2	35	30	6 B

Not. Bay.	Nomina Stellarum.	Les noms des Eſtoilles.
	Stellæ auſtral. hujus côſtellationis.	Les Eſtoilles auſtr. de cette conſtellat.
ξ	In pede auſtr. ſupra caput cete	Au pied auſt. ſur la teſte de la baleine.
•	Præcedens in pede ſub alvo.	La preced. au pied ſous le ventre.
σ	Sequens.	La ſuivante.

30.	Taurus.	Le Taureau,
q	Pleiades Electra.	Les Pleïades Electra.
q	Celæno.	Celeno.
q	Taygeta.	Taygeta.
q	Aſterope.	Aſterope.
q	Merope.	Merope.
q	Maia.	Maia.
q	Pater Atlas.	Pater Atlas.
q	Mater Pleione.	Mater Plejone.
n	Alcione.	Alcione.
A	In collo.	Au cou.
	Media in collo.	La moyéne. au cou.
ψ	Borealis in collo.	La boreale au cou.
p	Auſtralis ibidem.	L'auſtr. au meſme.
φ	Ex 2. borealis in aure.	La bor. des 2. ſur l'oreille.

Sig.	Longitudo. Deg.	Min.	Sec.	Latitudo. Deg.	Min.	Sec.	Gran-deur.	
♉	2	32	0	3	35	0	6	A
	9	14	30	0	38	30	6.	A
	10	45	30	1	29	3	6	A
							20.	
♉	24	43	0	4	8	40	5.	B
	24	45	10	4	15	55	8.	
	24	53	10	4	31	36	6.	
	24	56	50	4	30	30	8.	
	24	59	50	3	52	30	6.	
	25	0	20	4	22	56	6.	
	25	46	20	3	50	20	6.	
	25	47	20	3	53	0	8.	
	25	54	37	3	59	0	8.	
	29	14	0	1	12	30	5.	
♊	0	45	30	6	32	50	5.	
	1	8	30	7	54	50	5.	
	2	27	0	5	15	50	6.	
	3	48	30	5	45	40	5.	

Not. Bay.	Nomina Stellarum.	Les Noms des Eftoilles.
χ	Auftralis ibidem.	L'auftr. à la mef.
ν	Ex 2. auftralis fupra oculum.	L'auftr. des 2. au deffus de l'œil.
υ	Borealis.	La boreale.
τ	Medio in fronte.	Au milieu du frôt
K	Ex 2. pracedens in vertice.	La preced. des 2. au haut de la tefte.
	Sequens.	La fuivante.
β	In extremo cornu boreali, five in talo auriga.	Au bout de la corne boreale, ou au talô du Chartier.
	Stellæ auftral. hujus côftellationis.	Les Eftoilles auftr. de cette conftellat.
G	In ungula pedis occidentalis.	A la corne du pied occidental.
O	Prima auftralis in fectione.	La 1. & auftr. en la fection.
ξ	Secunda fupra.	La 2. au deffus.
S	Tertia.	La 3.
T	Quarta auftralis.	La 4. auftrale.
F	Quinta borealis.	La 5. boreale.
V	In pede occidentali.	Au pied occident.
E	In crure fub ; oplite.	A la jambe au deffus du jaret
	In genu.	Au genou.

Signes	Longitudo. Deg.	Min.	Sec.	Latitudo. Deg.	Min.	Sec.	Grandeur.	
♊	3	57	0	3	57	10	f.	
	4	1	0	0	25	30	4.	
	4	17	0	1	4	30	5.	
	7	58	0	0	40	30	5.	
	11	45	0	1	15	0	6 ---	
	13	15	0	0	38	0	6 —	I
	18	22	47	5	20	30	2.	B
♉	14	7	0	14	29	50	5	A
	16	58	30	9	22	20	4	A
	17	41	0	8	49	20	4.	
	18	53	0	7	28	50	6.	
	18	56	0	9	3	20	6.	
	19	23	0	5	56	50	5.	
	21	20	0	13	29	50	6.	
	23	9	0	8	40	50	5.	
	25	41	0	14	30	20	4.	

I

Not. Bay.	Nomina Stellarum.	Les noms des Eſtoilles.
λ	*In pectore.*	Au poitrail
μ	*Præcedens in crure orientali.*	La precedente à la jambe orientale.
H	*Parva infra nares.*	La petite au bas des narines.
R	*Sequens in crure.*	La ſuiv. à la jambe.
γ	*Vna Hyadarum ad nares.*	Une des Hyades aux narines.
ω	*In maxilla.*	A la machoire.
δ	*Intra narem & oculum borealem.*	Entre la narine & l'œil boreal.
π	*Ex 2. præcedens infra Aldebaran.*	La precedente des 2. ſous Aldebará.
B	*Sub genu orientali.*	Au deſſus du genou oriental.
θ	*In latere occidentali Aldebaran.*	Au coſté occident. d'Aldebaran.
ε	*Quæ ſub oculo boreali.*	Celle qui eſt ſous l'œil boreal.
D	*In poplite orientali.*	Au jarret oriental.
ρ	*Ex 2. ſequens ſub Aldebaran.*	La ſuiv. des 2. ſous Aldebaran.
α	*Oculus ♉ Aldebaran Palilicium.*	L'œil du ♉ Aldebaran.
C	*In genu orientali.*	Au genou oriental.
σ	*In latere orientali Aldebaræ.*	Au coſté oriental d'Aldebaran.
I	*In fronte.*	Au front.
ι	*Borealis in eductio-*	La bor. à la naiſſ.

Sig.	Longitudo.			Latitudo.			Grandeur.
	Deg.	Min.	Sec.	Deg.	Min.	Sec.	
♉	16	24	0	8	2	50	4. A
	29	22	0	12	13	20	4.
♊	0	30	0	7	35	0	6.
	1	33	0	12	1	50	5.
	1	34	2	5	46	20	3.
	1	51	30	0	46	20	6.
	2	29	30	4	1	50	3.
	3	5	0	6	56	20	5.
	3	21	30	8	40	50	5.
	3	45	0	5	52	50	4.
	4	16	0	2	36	20	3.
	4	34	0	11	47	50	5.
	4	51	0	7	4	20	5. D.
	5	35	30	5	30	50	
	5	42	0	9	51	50	5.
	6	18	0	6	17	20	5.
	9	35	0	3	39	30	6.

Not. Bay.	Nomina Stel-larum.	Les noms des Eſtoilles.
	ne cornu auſtral.	de la corne auſt
M	In aure auſtrali.	A l'oreille auſtr.
L	Auſtralis in eodem cornu.	L'auſtr. à la meſ-me corne.
N	In medio cornu.	Au mil. de la corn.
O	Sequens.	La ſuivante.
ζ	In extremo eiuſdem cornu.	Au bout de la meſ-me corne.

31.	Gemini.	Les Gemeaux.
ε	In genu Caſtoris.	Au gen. de Caſtor.
θ	In manu Caſtoris.	A la main de Caſt.
ω	In femore ſup. Caſt. ſive in manu.	A la cuiſſe ſuper. ou à la main.
ϒ	In humero occid.	A l'épaule occid.
A	In brachio auſtr. C.	Au bras auſt. de C.
ρ	Parva in capite Caſtoris.	La petite à la teſte de Caſtor.
ι	Pracedens in hu-mero orientali.	La preced. à l'é-paule orientale.
B	Sequens	La ſuivante.
o	Supra caput Ca-ſtoris.	Au deſſus de la te-ſte de Caſtor
α	In capite Caſtoris. Apollo.	A la teſte de Ca-ſtor.

Sig.	Longitudo.			Latitudo.			Gran-deur.	
	Deg.	Min.	Sec.	Deg.	Min.	Sec.		
II	12	27	0	1	49	0	4.	
	13	15	0	4	15	0	6.	A
	13	36	30	2	30	0	6.	
	16	25	0	1	3	50	6	
	18	18	30	1	19	50	6.	
	20	15	47	2	13	30	3.	A
							53.	
	—	—		—	—			
	—	—		—	—			
♋	5	45	0	2	11	3	3.	B
	6	54	50	10	58	30	5.	
	9	58	20	1	31	21	6.	
	11	16	52	7	43	30	4.	
	14	41	0	2	56	30	6.	
	14	43	50	9	42	30	5.	
	14	47	0	5	43	0	4.	
	15	33	0	6	1	0	6	
	15		0	13	0	0	5.	
			47	10	2	50	2.	B

Not. Bay.	Nomina Stellarum.	Les noms des Eſtoilles.
υ	*In pectore Pollucis.*	A la poitr. de Poll.
π	*Supra caput Pollucis.*	Au deſſ. de la teſte de Pollux.
σ	*In gena Pollucis.*	A la joüe de Poll.
C	*In humero Pollucis.*	A l'épaule de Poll.
β	*In capite, ſive c-l-lo.*	A la teſte, ou au cou.
κ	*In latere or. Poll.*	Au coſté or. de P.
φ	*Ex 3.pr. in brac. or.*	La 1.des 3. au br.or.
χ	*Secunda.*	La ſeconde.
ψ	*Tertia.*	La troiſiéme.

	Stellæ auſtr. hujus Conſtellationis.	Les Eſtoilles auſtr. de cette Conſtell.
η	*In pede bor. Caſt.*	Au pied bor. de C.
μ	*In calce eiuſdem pedis* Calx.	A la cheville du meſme pied.
ν	*In pede auſtrali.*	Au pied auſtral.
γ	*In pede bor. Poll.*	Au pied bor. de P.
ξ	*In pede auſtrali eiuſdem.*	Au pied auſtral du meſme.
D	*In genu auſtrali* Caſtoris.	Au genou auſtral de Caſtor.
E	*In talo auſtrali Pollucis.*	Au talon auſtral de Pollux.

Sig.	Longitudo. Deg.	Min.	Sec.	Latitudo. Deg.	Min.	Sec.	Grandeur.	
♋	17	10	0	5	10	30	5.	B
	17	50	0	12	0	0	5 —	
	18	25	20	7	24	25	5.	
	19	0	0	4	25	0	6.	
				0				
	19	4	55	6	38	30	2.	
	19	29	0	3	3	30	4.	
	21	5	50	5	44	30	5.	
	22	50	0	7	0	0	5.	
	24	27	0	9	20	0	5.	B
	—	—		—	—			
♊	29	14	0	0	58	30	4.	A
♋	1	4	50	0	53	30	3.	
	2	35	0	3	8	30	4.	
	4	51	47	6	48	0	2.	
	6	50	20	10	9	30	4.	
	7	43	50	1	12	30	6.	
	9	17	0	9	41	30	6.	

No. Bay.	Nomina Stellarum.	Les noms des Estoilles.
ζ	i.o eiusdem genu.	Au genou du mes.
δ	in brachio Castoris.	Au bras de Castor.
λ	In femore australi Pollucis.	A la cuisse australe de Pollux.
	Ex 4. australis in mantello Pollucis.	L'austr. des 4. sur le manteau de P.
F	Secunda sequens.	La 2. suivante.
G	Tertia.	La 3.
	Quarta borealis.	La 4. boreale.

No. Bay.	Cancer.	Le Cancer, ou l'Ecrevisse.
3 ʒ		
ω	Qua in ultimo pede occidentali.	Celle qui est au 4. & dern. pied occ.
μ	In eductione eiusd.	A la naiss. du mes.
ψ	In tertio pede.	Au 3. pied.
χ	Ex 3. occidentalis in primo pede.	L'occid. des 3. au premier pied.
φ	Boreali, ibidem.	La bor. au mesme.
φ	Australis.	L'australe.
λ	In eductione secundi pedis.	A la naissance du 2. pied.
υ	Ex 2. pr. in educt. brachii borealis.	La pre. des 2. à la naiss. du bras bor.
υ	Sequens.	La suivante.

Sig.	Longitudo. Deg.	Min.	Sec.	Latitudo. Deg.	Min.	Sec	Grandeur.	
♋	10	49	0	2	7	0	3.	A
	14	18	50	0	14	0	3.	
	14	36	0	5	41	30	4.	
	18	23	20	5	52	25	6.	I
	19	26	55	3	49	0	6.	
	20	51	20	2	42	30	6.	
♋	22	48	50	0	58	0	6. A I
							33.	
	————			————				
	————			————				
♋	24	0	0	5	0	0	6 —— B
	25	18	0	1	16	0	5. B
	25	55	0	5	54	0	6 —— B
	27	10	0	7	40	6	6 ——
	27	50	0	8	40	0	6 ——
	28	15	0	7	50	0	6 ——
	28	17	0	5	10	0	5 ——
♌	0	18	0	5	25	0	6.
	0	50	0	5	18	0	6.

Not. Bay.	Nomina Stellarum.	Les noms des Eſtoilles.
η	In pectore prope nebuloſam.	A la poitrine proche la nebuleuſe.
ι	In brachio boreali.	Au bras boreal.
θ	Ex 3. borealib præcedens in forcipe eiuſdem brachii.	La prec. des 3. bor. à la pinſe du meſme bras.
ε	Nebuloſa nominata praſepe.	La nebuleuſe appellée la creche.
γ	Borealis ſupra nebuloſam.	La boreale au deſſus de la nebul.
δ	Sequens borealis in forcipe.	La ſuiv. boreale à la pinſe.
θ	Tertia borealis.	La 3. boreale.
ρ	Pr. ex 2. auſtralibus in forcipe.	La pr. des 2. auſtr. à la pinſe.
ρ	Sequens.	La ſuivante.
τ	In apertur. forcipis.	A l'ouv. de la pinſ.
ν	In roſtro, ſive cornu boreali.	Au bec, ou à la corne boreale.
ξ	In cornu auſtrali.	A la corne auſtr.

	Stellæ auſtr. hujus Conſtellationis.	Les Eſtoiles auſtr. de cette Conſtell.
	Prima in extremo cauda.	La pr. au bout de la queuë.

Sig.	Longitudo.			Latitudo.			Grandeur.
	Deg.	Min.	Sec.	Deg.	Min.	Sec.	
♌	1	17	0	1	32	0	5.
	2	6	0	10	23	33	5.
	2	30	0	13	36	0	6 —
	3	8	23	1	14	-30	neb.
	3	18	33	3	8	30	4.
	3	20	0	13	59	0	6 —
	3	50	0	13	50	0	6 —
	4	0	0	10	30	0	6 —
	4	40	0	10	10	0	6 —
	6	25	0	12	45	0	6 —
	6	49	0	7	14	30	6.
	8	58	30	5	10	30	6. B
♋	18	0	0	9	55	0	6 A I

Nor. Bay.	Nomina Stellarum.	Les noms des Eſtoilles.
	Secunda ſequens.	1 a 2. ſuivante.
	Tertia.	La 3.
	Quarta.	La 4.
	Quinta.	1 a 5.
ζ	In radice caudæ.	A la racine de la queuë.
D	Ex 2. parvis præcedens ſupra.	La preced. des 2. petites au deſſus.
β	In ult. pede auſtr.	Au der. pied auſtr.
D	Ex 2. parvis ſeq.	La ſuiv. des 2. pet.
θ	Occid. in pectore.	L'occ. à la poitrine.
	In penultimo pede auſtrali.	Au penult. pied auſtral.
♪	Oriental. in pectore.	L'or. à la poitrine.
C	In ſecundo pede.	Au 2. pied.
A	Ex 2 parvis præc. in brachio.	La preced. des 2. petites au bras.
B	In primo pede.	Au premier pied.
A	Ex 2. ſequens in brachio.	La ſuiv. des deux au bras.
O	Parva ſupra brachium auſtralem.	La petite au deſſus du bras auſtral.
α	In medio brachio.	A milieu du bras.
χ	Ex 2. auſtralis in forcipe.	L'auſtr. des 2. à la pinſe.
π	Borealis.	La boreale.

Sig.	Longitudo.			Latitudo.			Gran-deur.	
	Deg.	Min.	Sec.	Deg.	Min.	Sec.		
♋	18	44	50	9	46	10	6. A	I
	22	19	50	10	19	40	5 A	I
	22	45	0	11	35	0	6.	N
	26	26	0	7	4	30	5.	I
	27	7	30	2	18	0	4.	
♌	19	34	30	1	3	30	6.	
	0	7	0	10	20	30	3.	
	0	20	0	1	55	0	6 —	
	1	34	30	0	47	0	5.	
	2	50	0	11	0	0	5	N
	4	29	53	0	3	30	4	A
	4	25	0	8	0	0	6 —	
	5	30	0	4	50	0	6 —	
	6	12	0	7	38	0	6 —	
	6	20	0	5	0	0	6 —	
	8	9	30	1	53	30	6 —	
	9	25	30	5	7	30	3.	
	11	58	0	5	35	28	5.	
	12	42	0	1	49	30	6	A
							41.	

K

Not. Bay.	Nomina Stellarum.	Les noms des Eſtoilles.
ʒʒ	**Leo.**	**Le Lion.**
κ	Qua in naribus.	Aux narines.
F	In aure.	A l'oreille.
λ	In rictu oris.	A l'ouverture de la gueule.
ε	Infra oculum.	Au deſſ. de l'œil.
μ	Ex 2. borealis in capite.	La bor. des 2. à la teſte.
G	Parva auſtralis.	La petite auſtr.
ψ	In genu boreali	Au genou boreal.
'	Sequens.	La ſuivante.
ζ	Ex 3. borealis in collo.	La bor. des trois au cou.
η	Auſtralis.	L'auſtrale.
I	Parva in pectore.	La petite à la poitrine.
γ	Lucida in collo.	La luiſ. au cou.
α	Cor Leonis Regulus baſilicus	Le cœur du Lyon
M	In dorſo.	Au dos.
ρ	In axilla pedis auſtralis præcedens.	A l'aixelle du pied auſtral de devât.
K	Borealis in alvo.	La bor. au ventre.
B	Parva in lumbis.	La pet. aux reins.
L	Auſtralis in alvo.	L'auſtr. au ventre.
δ	Lucida in lumbis.	La luiſ. aux reins.
θ	Borealis in clune.	La bor. à la feſſe.
χ	In pede poſteriori occidens.	Au pied de derriere occidental.

Sig.	Longitudo. Deg. Min. Sec.			Latitudo. Deg. Min. Sec.			Gran-deur.
♌	11	1	30	10	20	40	4. B
	13	30	0	15	0	0	6.
	13	36	30	7	50	45	4.
	16	25	0	9	38	40	3.
	17	11	0	12	19	50	4.
	17	33	0	10	46	10	6.
	19	16	30	0	15	50	5.
	23	5	30	0	0	25	4.
	23	16	47	11	48	40	3.
	23	39	17	4	50	40	3.
	23	46	0	2	9	52	6.
	25	18	19	8	45	40	2.
	25	38	32	0	26	20	P.
♍	1	37	30	10	15	30	6.
	2	10	0	0	7	50	4.
	3	28	0	5	55	50	6.
	4	36	0	11	52	50	5.
	5	27	10	2	49	20	6.
	7	7	32	14	19	30	2.
	9	11	0	9	41	20	1.
	10	20	0	1	19	0	4. B

Not. Bay.	Nomina Stellarum.	Les Noms des Estoilles.
N	*Parva in clune.*	La petite à la fesse.
	Parva in flexu cauda.	La petite sur le contour de la qu.
ι	*In femore orientali.*	A la cuisse orient.
σ	*In genu orientali.*	Au genou orient.
β	*Lucida in extr. cauda* Deneb alased.	La luis. au bout de la queuë.
O	*Parva supra* Deneb.	La petite au dessus de Deneb.
	Stellæ austr. hujus Constellationis.	*Les Estoilles austr. de cette Constell.*
ω	*In ungula pedis austr. praced.*	A l'ongle du pied austr. de devant.
ξ	*In pede boreali.*	Au pied boreal.
H	*Borealis in ungula pedis australis.*	La boreale à l'ongle du pied. aust.
.	*In eodem pede.*	Au mesme pied.
π	*In genu.*	Au genou.
A	*Infra cor Leonis.*	Sous le cœur du L.
C	*Borealis in pede occidentali poster.*	La bor. au pied occidental. de derr.
D	*Australis.*	L'australe.
p	*Ex 5. parvis prima in eodem pede.*	La pr. des 5. petites au mesme pied.

Sig.	Longitudo.			Latitude.			Gran- deur.	
	Deg.	Min.	Sec.	Deg.	Min.	Sec.		
♍	10	30	0	7	30	25	6.	B
	12	35	0	17	30	0	6 —
	13	20	30	6	6	50	3.
	14	30	0	1	39	52	4.
	17	26	47	2	16	20	P.
	18	40	0	14	0	0	6	B
	———	———	———	———	———		
♌	17	24	30	5	44	30	5	A
	17	29	0	3	10	10	4.
	17	55	0	4	39	30	6.
	20	2	0	3	47	10	4.
	25	18	0	3	55	10	4.
	6	12	30	1	25	40	5.
♍	9	52	15	0	10	50	5.
	10	42	0	2	30	30	5.	A
	12	10	0	3	30	0	6 —

Not. Bay.	Nomina Stellarum.	Les Noms des Eſtoilles.
p	Secunda auſtralis.	La 2. auſtrale.
p	Tertia.	La 3.
p	Quarta auſtralis.	La 4 auſtrale.
p	Quinta orientalis.	La 5. orientale.
φ	Au, ralis in extr. pede orientali.	L'auſtrale au bout du pied oriental.
τ	Borealis in eodem pede.	La bor. au meſme pied.
Ⅱ	Ex 2. auſtral. ſeq. in eodem pede.	L'auſtrale des 2. ſuiv. au meſ.pied.
υ	Borealis.	La boreale.

34.	Virgo.	La Vierge.
	In extremo ſerti Virginis.	Au haut du bouquet de la Vierg.
ω	In vertice.	Au ſom. de la teſte.
ξ	Ex 3. borealis in fronte.	La bor. des 3. au front.
A	Media.	La moyenne.
'	Tertia auſtralis.	La 3. auſtrale.
A	Ad oculum boreal.	Sur l'œil boreal.
β	In extrema ala auſtralis.	A l'extr. de l'aiſle auſtrale.
o	Prope genam bor.	Proche la jouë b.
π	In naſo.	Sur le nez.

Sig.	Longitudo. Deg. Min. Sec.			Latitudo. Deg. Min. Sec			Grandeur.	
♍	12	25	0	6	30	0	6 — A	
	13	25	0	4	58	0	6	
	13	40	0	6	40	0	6 ——	
	14	45	0	4	45	0	6 ——	
	17	15	0	7	40	30	4.	
	17	19	0	0	33	10	4.	
	20	12	0	5	42	30	5.	
	20	50	0	3	2	40	4.	A
							45.	
♍	14	45	0	17	15	50	4.	B 1
	17	50	0	5	10	0	6 ——	
	19	7	50	6	6	0	5.	
	19	30	0	5	30	0	6 ——	
	19	56	4	4	36	30	5.	
	21	25	0	7	10	0	6 ——	
	22	55	47	0	42	28	3.	
	23	30	48	8	33	0	5.	
	23	41	50	6	9	30	5.	B

Nor. Bay.	Nomina Stellarum.	Les noms des Estoil'es.
B	*In collo.*	Au cou.
C	*In pectore.*	A la poitrine.
x	*In humero austr.*	A l'épaule austr.
•	*In brachio boreali.*	Au bras boreal.
D	*Ex 2. parvis australis ibidem.*	L'austral des 2. petites au mesme.
D	*Borealis ibidem.*	La boreale au mes.
•	*In ala boreali vindemiatrix.*	A l'aisle boreale la vendangeuse.
γ	*Infra mammam australem*	Sous la mamelle australe.
♪	*Infra mammam borea'em.*	Sous la mamelle boreale.
E	*Parva in ala boreali..*	La petite à l'aisle boreale
K	*Parva in latere australi.*	La petite au costé austral.
α	*In latere boreali supra vestem.*	Au costé boreal sur la robe.
θ	*In femore australi.*	A la cuisse austr.
•	*Borealis infra cingulum.*	La boreale sous la cinture.
ζ	*In femore boreali.*	A la cuisse boreale.
L	*Parva in femore.*	La petite à la cuiss.
H	*Parva borealis in spica.*	La petite boreale sur l'espy.
	In parva femore boreali.	La petite à la cuisse boreale.
M	*In genu australi.*	Au genou austral.

Sig.	Longitudo.			Latitudo.			Grandeur.	
	Deg.	Min.	Sec.	Deg.	Min.	Sec.		
♍	24	30	17	3	22	0	6.	B
	29	9	17	4	59	0	6.	
♎	0	39	49	1	24	29	4.	
	1	16	47	13	36	0	5.	
	2	44	50	10	25	0	6.	
	3	15	50	11	36	28	6.	
	5	46	17	16	15	0	3.	
	5	59	17	2	49	30	3.	
	7	18	47	8	40	30	3.	
	9	48	50	16	15	30	6.	
	10	51	18	2	23	0	6.	
	11	34	47	12	40	0	5.	
	14	0	50	1	44	28	4.	
	16	9	50	12	34	0	6.	
	16	46	18	8	9	30	3.	
	19	22	19	3	10	27	6.	
	19	23	50	0	9	30	6.	R
	20	23	48	8	29	28	5.	R
	22	33	18	1	45	0	9.	B

Not. Bay.	Nomina Stellarum.	Les noms des Esteilles.
P	*In genu boreali.*	Au genou boreal.
τ	*Borealis ibidem.*	La bor. au mesme
N	*In crure australi.*	A la jambe austr.
	Ex 2. borealis in veste sub genu.	La bor. des 2. à la robe sous le gen.
	Sequens australis.	La suiv. australe.
υ	*Ex 4. pr. in extremo vestis.*	La prem. des 4. au bas de la robe.
ι	*Media.*	La moyenne.
κ	*Tertia australis.*	La 3. australe.
φ	*Quarta borealis.*	La 4. boreale.
λ	*In pede australi.*	Au pied austral.
μ	*In pede boreal.*	Au pied boreal.
	Stellæ austr. hujus constellationis.	Les Esteilles austr. de cette constellat.
F	*Ex 3. borealis in brachio australi.*	La bor. des 3. au bras austral.
q	*Australis ibidem.*	L'aust. au mesme.
χ	*Media.*	La moyenne.
ψ	*In carpo eiusdem brachii.*	Au poignet du mesme bras.
G	*In manu.*	A la main.
	Ex 2. australis supra folium iuxta	L'austr. des 2. sur les fannes proche.

Sig.	Longitudo.			Latitudo.			Grandeur.	
	Deg.	Min	Sec.	Deg.	Min.	Sec.		
♎	23	1	18	9	40	0	6.	B
	23	34	48	13	7	0	5.	
	26	7	48	2	24	0	6.	
	26	5	0	13	45	0	5	N
	26	45	0	12	15	0	5.	N
	29	12	50	11	2	0	5.	
	29	32	47	7	18	0	4	
♏	0	14	50	2	57	0	4.	
	1	15	17	11	47	29	4.	
	2	45	50	0	31	0	4.	
	5	33	48	9	48	27	4.	B
♎	7	17	0	1	45	0	6	A
	7	22	0	4	30	0	6	—
	8	1	50	3	25	30	5.	
	12	2	47	3	23	30	5.	
	15	0	0	1	45	0	6.	

Not. Bay.	Nomina Stellarum.	Les noms des Eſtoilles.
	manum.	la main.
	Borealis.	La boreale.
α	*Spica Virginis Azi-mech alhacel.*	L'eſpy de la Vier-ge.
I	*Auſtralis prope ſpi-cam.*	L'auſtrale proche l'eſpy.
H	*Parva prope ſpicam in veſte.*	La petite proc. de l'eſpy ſur la robe.
	In extremit. ſpica.	A l'extr. de l'eſpy.

35	Libra.	La Balance.
	In extremo cingulo ſub pede Bootes.	A l'extremité du rubã ſous le pied du bouvier.
	Secunda ſeq. ibid.	La 2. ſuiv. au meſ.
	Tertia ibidem.	La 3. au meſme.
	In cingulo auſtrali.	Sur le ruban auſt.
μ	*Parva in lance auſtrali.*	La petite ſur le baſſin auſtral.
	Parva in cingulo auſtrali.	La petite ſur le ru-ban auſtral.
α	*Lucida in lance boreali.*	Là luiſante du baſ-ſiu auſtral.
δ	*In parte occidenta-li iugi.*	Sur le coſté occid. du fleau.

Sig.	Longitudo.			Latitudo.			♃ Grandeur.
	Deg.	Min.	Sec.	Deg.	Min.	Sec.	
♎	15	16	0	4	15	0	6. A I
	15	32	18	3	14	0	5 I
	19	39	47	1	59	30	P.
	20	35	0	3	5	0	6 —
	21	7	50	0	10	0	6
	22	50	0	4	48	0	6. A I
							50.
	—	—	—	—	—		
	—	—	—	—	—		
♎	26	40	0	19	10	0	5. B N
♏	4	30	0	17	0	0	3. N
	9	30	0	18	25	0	5 N
	9	46	0	12	0	0	4 N
	10	7	27	1	54	10	5.
	10	25	0	13	30	0	5. N
	10	56	27	0	25	10	2.
	11	4	30	8	17	0	4.

Not. Bay.	Nomina Stellarum.	Les noms des Eſtoilles.
ξ	Parva borealis in extremo lance.	La petite bor. ſur le bord du baſſin.
	In nodo cinguli.	Au nœud du rubã.
,	Orientalis in lance auſtrali.	L'orientale ſur le baſſin auſtral.
	Ex quatuor prima ſupra cingulum.	La premiere des 4. ſur les rubans.
	Secunda ſequens.	La ſuivante.
β	In medio iugi.	Au mil. du fleau.
	Tertia bor. ſupra cingulum.	La 3. boreale ſur les rubans.
ι	In iugi parte orientali.	Sur le fleau du coſté oriental.
●	Occidentalis in lance boreali.	L'occidentale ſur le baſſin boreal.
A	Quarta ſupra cing.	La 4. ſur les rubás.
	Sequens in iugi parte orientali	La ſuiv. ſur le fleau du coſté oriental.
ζ	Auſt. in lance bor.	L'auſ. ſur le baſſ. b.
γ	Borealis ibidem.	La bor. ſur le meſ
κ	Orientalis ibidem.	L'oriét. ſur le meſ
υ	Auſtr. ſupra cingul.	L'auſt. ſur les cord.
θ	Media ibidem.	La moyé. aux meſ.
	Borealis ibidem.	La bor. aux meſ
λ	Ibidem ad naſum Sçorpii.	Sur les meſ. proche le nez duSçorp.
μ	Auſtral. ſupra cingul. infra lances.	L'auſtr. aux cordós ſur les baſſins.

Sig.	Deg.	Min.	Sec.	Deg.	Min.	Sec.	Gran-deu.	
♏	12	20	0	3	0	0	6.	B
	13	45	0	18	30	0	5. I	☨
	13	52	0	1	13	10	5.	
	14	15	0	19	50	0	6. I	☨
	14	55	0	18	56	0	5 I	☨
	15	12	17	8	33	12	2	I
	15	57	0	20	30	0	6. —	
	17	10	0	8	5	30	4.	
	17	44	30	2	57	40	6	
	17	45	0	18	40	0	6	I
	19	30	0	8	45	0	4	N
	20	52	30	2	20	10	4.	
	20	58	28	4	27	10	3.	
	23	13	57	4	3	10	4.	
	23	25	0	0	2	0	4.	
	25	41	30	3	32	12	4.	
	26	13	26	6	9	15	4	I
	26	28	57	0	6	10	4	B
♏	16	41	0	1	49	25	3 A	I
							27.	

No. Bay.	Nomina Stella-rum.	Les noms des Eſtoilles.
36.	Scorpius.	Le Scorpion.
ξ	In forcipe brachii borealis.	A la pinſe du bras boreal.
↓	Borealis ibidem.	La bor. au meſme.
φ	In eodem brachio.	Au meſme bras.
β	Lucida in fronte.	La luiſ au front.
χ	Orientalis in forci-cula brachii bor.	L'orient. à la pin-ſe du bras boreal.
ω	Auſtr. infra lucidā frontis.	L'auſtrale ſous la luiſante du front.
ι	In eductione bra-chii borealis.	A la naiſſance du bras boreal.
	In 2. pede boreali.	Au 2. pied boreal.
	Stellæ auſtr. hujus Conſtellationis.	Les Eſtoiles auſtr. de cette Conſtell.
γ	In forcipe bracii au-ſtralis.	A la pinſe du bras auſtral.
ο	In 1. pede auſtrali.	Au 1. pied auſtral.
ο	In ſecundo pede.	Au ſecond pied.
B	In eductione pr. pe-dis auſtralis.	A la naiſſance du pr. pied auſtral.
A	Sequens ibidem	La ſuiv. au meſ.
δ	Auſtral. in fronte.	L'auſtale au front.
π	In educt. 2. pedis.	A la naiſ. du 2. pied.

Sig.	Longitudo. Deg. Min. Sec.			Latitudo. Deg. Min. Sec.			Grandeur.	
♏	27	6	50	9	19	50	4.	B
	28	44	30	10	57	20	5.	
	28	45	0	4	59	0	6 —	
	28	56	57	1	6	55	2.	
	29	15	0	9	27	0	5.	
	29	23	0	0	16	0	5.	
♐	0	24	30	1	44	0	4.	
	7	16	0	4	37	19	6.	N
♏	16	28	0	7	38	30	3.	A
	24	27	30	8	42	50	4.	I
	24	59	50	10	20	48	4.	
	26	40	0	5	20	0	6 —	
	27	5	0	4	39	0	6. —	
	28	20	7	1	52	40	3.	
	28	45	47	5	20	40	3.	

Not. Bay.	Nomina Stellarum.	Les noms des Estoilles.
ρ	In 3 pede.	Sur le 3. pied.
C	Ex 2. præc. in medio corpore.	La prec. des 2. au milieu du corps.
	Ex 4. occid. supra cor Scorpionis.	L'occ. sur le cœur du Scorpion.
ε	Australis.	L'australe
C	Ex 2. seq. in medio corpore.	La suiv. des 2 au milieu du corps.
	Ex 4. borealis supra cor Scorpionis.	La bor. des 4. sur le cœur du ♏.
	Ex 4. orientalis.	L'orient. des 4.
α	Cor Scorpii Antares	Le cœur du Scorpion Antares.
τ	Sequens.	La suivante.
ι	Supra in primo nodo sive cingulo.	Sur le pr. nœud ou spondile.
μ	In secundo.	Sur le second.
μ	Australis in 3.	L'aust. sur le 3.
ζ	Borealis ibidem.	La bor. sur le mes.
η	In 4.	Sur le 4.
υ	In 7. præcedens aculeum	Sur le 7. qui precede l'éguillon.
λ	Sequens in eodem.	La suiv. sur le mes
θ	In 5.	Sur le 5
χ	Borealis in 6.	La bor. sur le 6.
ι	Australis in eodem.	L'aust. sur le mes.
	Nebul. in oriente.	La nebul. à l'oriét.

Signes	Longitudo.			Latitudo.			Grandeur.	
	Deg.	Min.	Sec.	Deg.	Min.	Sec.		
♏	29	4	30	8	26	0	4.	A
↦	2	7	30	6	35	30	5.	
	3	22	0	2	48	0	5.	R
	3	32	0	3	53	0	4.	
	3	42	0	6	58	0	4.	
	4	18	0	1	48	0	5.	R
	5	33	0	3	0	0	5.	R
	5	35	27	4	26	30	P.	
	7	14	0	5	48	0	4.	A
	9	25	0	10	58	0	3.	
	11	5	0	14	50	0	4.	
	12	21	0	19	20	0	4.	†
	12	41	0	18	20	0	3.	†
	15	41	0	19	49	0	3.	
	19	21	0	13	59	0	4.	
	19	50	0	13	52	0	3.	
	20	31	0	19	9	0	3.	
	21	21	0	15	29	0	3.	
	22	51	0	16	59	0	3.	
	23	31	0	13	39	0	neb.	I
							35.	

Not. Bay.	Nomina Stellarum.	Les noms des Eftoilles.
37.	Sagittarius.	Le Sagittaire.
μ	Borealis arcus.	La bor. de l'arc.
ν	Nebulofa in mento.	La neb. au menton.
ξ	In gena.	A la jouë.
ο	Prima in collo.	La 1. au cou.
π	Secunda in collo.	La 2. au cou.
D	Prima in contactu.	La 1. fur la prife.
ρ	Secunda.	La feconde.
υ	Tertia borealis.	La 3. boreale.
ν	Quarta.	La 4.
E	Quinta auftralis.	La 5. auftrale.
F	Sexta in extremo contactu.	La 6. à l'extremité de la prife.
G		

	Stellæ auftr. hujus Conftellationis.	Les Eftoilles auftr. de cette Conftell.
'	In cufpide fagittæ.	Au fer de la fleche.
"	in pede elato Sagittarii.	Au pied levé du Sagittaire.
δ	In manu auftrali.	A la main auftr.
ε	Auftralis in arcu infra manum.	L'auft. à l'arc fous la main.
λ	In arcu fupra manum.	A l'arc au deffus de la main.
φ	In fagitta prope	A la fleche proche

Sig.	Longitudo Deg.	Min.	Sec.	Latitudo. Deg.	Min.	Sec	Grandeur.	
♓ ♂	19	7	0	2	28	10	4.	B
	7	46	0	0	25	0	neb.	
	9	22	27	1	45	10	4.	
	10	54	14	0	59	40	4.	†
	12	9	0	1	31	38	4.	
	14	10	0	3	7	10	6.	
	15	20	30	4	17	40	4.	
	15	37	0	6	10	10	5.	
	20	14	30	5	8	40	6.	
	20	50	0	1	25	38	6.	
	24	18	30	5	11	39	6 ──► B	
♓	26	55	0	6	54	40	4	A
♂	19	16	0	13	20	0	1.	
	0	17	0	6	50	50	4.	
	0	36	0	11	10	0	3.	
	2	13	30	1	59	20	4.	

Not. Bay.	Nomina Stellarum.	Les noms des Estoilles.
	manum.	de la main.
ϵ	*In manu boreali.*	A la main boreale
ξ	*Australis in alvo.*	L'aust. au ventre
α	*In genu prope coronam australem.*	Au genou derriere la couronne auf
β	*Aust. in eodē pede.*	L'auf au mef. pied.
ϱ	*Borealis in alvo.*	La bor. au ventre.
ψ	*Prima in brachio.*	La prem. au bras.
χ	*Sequens in brachio.*	La suiv. au bras.
H	*In cubito orientali*	Au coude oriétal.
ι	*In crure praeceden-ti posteriori.*	A la jambe prec. de derriere.
θ	*In eodem femore.*	A la mesine cuisse.
ω	*Ex 4 prima in imo spina dorsi.*	La pr. des 4. à l'extremité de l'épine du dos.
B	*Secunda.*	La 2.
A	*Tertia.*	La 3.
C	*Quarta australis.*	La 4. australe.
x	*In pede sequenti posteriori.*	Au pied suivant de derriere.

38.	Capricornus.	Le Capricorne.
ξ	*In eductione cornu praecedentis.*	A la naissance de la corne preced.

Sig.	Longitudo.			Latitudo.			Gran-deur.	
	Deg.	Min	Sec.	Deg.	Min.	Sec.		
♉	6	6	0	3	49	20	5.	A
	8	17	0	3	30	20	4	
	9	26	0	6	40	0	3.	
	9	36	0	18	20	0	2.	
	10	16	0	23	20	0	2.	
	10	56	0	4	40	0	4.	
	12	36	0	2	50	0	5.	
	15	6	0	2	10	0	5	A
	17	52	0	3	7	10	6.	
	19	16	0	20	30	0	3.	
	19	56	0	13	50	0	3.	
	20	26	0	5	10	0	5.	
	21	11	0	6	10	0	5.	
	21	26	0	5	10	0	5.	
	22	6	0	6	50	0	5	
♒	0	32	0	22	40	0	3.	A
							32.	
♉	28	34	0	7	17	10	6	B

Not. Bay.	Nomina Stellarum.	Les noms des Estoilles.
σ	Nebulosa ad nares.	La nebuleuse aux narines.
α	Lucida in eodem cornu.	La luisante à la mesme corne.
	Sequens.	La suivante.
β	In fronte.	Au front.
γ	Parva in eductione cornu.	La petite à la naissance de la corne
	Sequens.	suivante.
π	Nebulosa in rixu oris.	La nebul. à l'ouv. de la gueule.
ρ	Parva supra.	La petite au dess.
ο	Nebul. orientalis.	La nebul. oriëtale.
υ	Australis in collo.	L'australe au cou.
τ	Borealis ibidem.	La bor. au mesme.
	Ex 2 prac. in cornu occidentali.	La precedente des 2. à la corne occ.
	Sequens ibidem.	La suiv. à la mes.
	Ex 3. aust. in cornu orientali.	L'australe des 3. à la corne orient.
	Media ibidem.	La moyenne à la mesme.
	Borealis ibidem.	La bor. à la mes.
λ	Ex 4. australis in cauda.	L'australe des 4. à la queuë.
λ	Secunda sequens supra hanc.	La 2. suiv. sur celle-cy.
C	Tertia borealis.	La 3. boreale.
C	Quarta orientalis.	La 4. orientale.

Sig.	Longitudo.			Latitudo.			Gran-deur.	
	Deg.	Min.	Sec.	Deg.	Min.	Sec.		
♉	28	39	0	0	25	10	nebul.	
	29	37	27	7	3	11	3.	
	29	44	27	7	3	11	3 —	
	29	57	27	4	42	10	3.	
♒	0	17	0	7	3	10	6.	
	0	23	0	0	49	40	nebul.	
	1	3	0	1	11	8	6.	
	1	7	0	0	29	10	nebul.	
	3	32	0	0	16	7	6.	
	4	15	0	3	26	10	6.	
	4	20	0	15	30	0	6	N
	5	6	0	15	35	0	5.	N
	6	30	0	15	30	0	5	N
	7	5	0	17	10	0	5.	N
	7	50	0	18	35	0	5.	N
	19	40	0	2	23	10	5.	B
	20	45	0	2	56	0	6	
	20	45	0	5	6	0	6.	
	21	20	0	4	18	10	6.	B

Nor. Bay.	Nomina Stellarum.	Les noms des Estoilles.
	Stellæ austr. hujus constellationis.	Les Estoilles austr. de cette constellat.
✛	In genu superiori.	Au genou super.
ↄ	Iuxta genu inferius	Auprés du genou inferieur.
Λ	In pede flexo.	Au pied ployé.
η	Borealis in armo.	La bor. à l'épaule.
χ	Australis ibidem.	L'austr. à la mes.
θ	Occident. in dorso.	L'occid. au dos.
φ	In eductione armi.	A la naiss. de l'ép.
ζ	Ex 2. australibus prima sub alvo.	La prem. des deux aust. sous le vêtre.
B	Sequens.	La suivante.
ι	Orientalis in dorso.	L'orientale au dos.
ε	Ex 2. præcedens in iliis.	La precedente des deux aux flancs.
ϰ	Sequens.	La suivante.
γ	Ex 2. præcedens in flexu caudæ.	La preced. des 2. au cont. de la queuë.
δ	Sequens.	La suivante.
μ	Orientalis in cauda.	L'orientale à la queuë.
39.	**Aquarius.**	*Le Verseau.*
ε	Ex 5. præcedens in sindone à manu	La precedente des 5. sur le linge qui

Sig.	Longitudo. Deg. Min. Sec.			Longitudo. Deg. Min. Sec.			Grandeur.	
♒	3	13	0	6	58	0	6	A
	3	54	0	9	1	0	6.	
	7	39	0	8	7	0	6.	
	8	44	0	3	0	0	5.	
	8	57	0	4	26	0	6.	
	9	47	0	0	18	0	5.	
	10	49	0	4	24	0	6.	
	12	50	30	6	55	0	5.	
	13	16	0	6	18	0	6.	
	13	33	0	1	15	30	5.	
	15	51	0	4	47	0	4.	
	17	32	0	4	48	0	5.	
	17	40	27	2	24	50	3.	
	19	26	27	2	27	50	3.	
	21	53	0	0	13	30	5.	A
							35.	

Not. Bay.	Nomina Stellarum.	Les noms des Estoilles.
	manu Aquarii	sort de la main d'Aquarius.
μ	*Secunda borealis.*	La secōde boreale.
	Tertia.	La 3.
	Quarta.	La 4.
	Quinta australis.	La 5. australe.
ν	*In manu occident.*	A la main occidét.
β	*In humero eiusdem lateris.*	A l'épaule du mesme cofté
ξ	*In axilla.*	A l'aifelle.
D	*In capite.*	A la tefte.
E	*In summa coxa.*	Au haut de la cuiff.
o	*Australis in humero orientali.*	L'auftrale à l'épaule orientale.
a	*Borealis ibidem.*	La bor. à la mef.
θ	*Ex 2. præcedens in alvo.*	La precedente des deux au ventre
ρ	*Sequens.*	La fuivante.
γ	*In brachio orient.*	Au bras oriental.
π	*Ex 3. borealis in cubito.*	La boreale des 3. au coude.
ζ	*Media.*	La moyenne.
κ	*In collo vasis.*	Au col du vafe.
η	*Tertia Australis in cubito.*	La 3. auftrale au coude.

Sig.	Latitudo. Deg. Min. Sec.			Latitudo. Deg. Min. Sec.			Grandeur.	
♒	7	34	30	8	10	15	4.	B
	8	35	0	12	30	0	5.	N
	8	51	0	8	19	16	5.	
	9	30	0	11	50	0	5.	N
	9	35	0	7	10	0	5.	N
	12	13	27	4	50	15	5.	
	19	13	27	8	42	15	3.	
	20	0	29	6	0	44	5.	
	23	49	0	15	23	15	6.	
	25	15	0	0	10	0	6 —	
	27	58	30	9	11	45	5.	
	28	31	57	10	42	15	3.	
	29	7	28	2	46	14	4.	
	29	53	30	2	29	45	6.	
♓	2	32	28	8	17	45	3.	
	4	27	0	10	31	16	5.	
	4	45	30	8	52	46	4.	
	5	14	29	4	8	45	4.	
	6	15	29	8	10	15	4.	

Not. Bay.	Nomina Stellarum.	Les noms des Eſtoilles.
	Stellæ auſtr. hujus Conſtellationis.	Les Eſtoilles auſtr. de cette Conſtell.
ʅ	Borealis in femore.	La bor. à la cuiſſe.
	Auſtralis ibidem.	L'auſt. à la meſme.
υ	In crure auſtrali.	A la jambe auſtr.
ꝑ	In femore auſtrali.	A la cuiſſe auſtr.
G	In genu auſtrali.	Au genou auſtral.
σ	In femore boreali.	A la cuiſſe boreale.
τ	Borealis in eodem crure.	La boreale à la meſme jambe.
C	Ex 3. pr. in effuſione prope piſcem auſtralem.	La pr. des 3. dans l'effuſion prés le poiſſon auſtral.
δ	Auſtralis in crure boreali Scheat.	L'auſtrale à la jābe boreale.
C	2. in effuſione prope piſcem.	La 2. dans l'effuſiõ prés le poiſſõ.
C	Tertia borealis.	La 3. boreale.
λ	Prima in exitu vaſis.	La premiere à la ſortie du vaſe.
B	Ex 3. pr. ſub pede Aquarii in effuſione.	La prem. des 3. au deſſous du pied ≈ dans l'effuſiõ.
B	Secunda infra hāc.	La 2. au deſſous de celle cy.
H	Secunda in exitu vaſis.	La 2. à la ſortie du vaſe.
B,	Ex 3. auſtralis infra pedē Aquarii.	L'auſ. des 3. au deſſous du pied ≈

Sig.	Longitudo. Deg. Min. Sec.			Latitudo. Deg. Min. Sec.			Grandeur.	
♒	24	35	30	1	59	59	4.	A
	25	2	30	4	9	46	6.	R
	28	18	0	10	48	15	5.	
♓	1	2	29	5	39	44	6.	
	1	12	30	9	57	15	6	
	1	15	29	1	9	46	5.	
	4	27	30	5	36	46	5.	
	4	39	28	15	52	45	5.	
	4	44	28	8	9	45	3.	
	5	24	30	15	39	47	5.	
	5	47	29	14	25	15	5.	
	7	26	30	0	19	15	4.	
	9	17	0	14	44	46	5.	
	9	43	0	15	29	45	5.	
	10	22	28	1	23	46	6.	
	11	12	30	16	30	46	5.	A

Not. Bay.	Nomina Stellarum.	Les noms des Eſtoilles.
✠	Tertia in exitu vaſis.	La 3. à la ſortie du vaſe.
✠	Quarta.	La 4.
✠	Quinta.	La 5.
χ	Sexta ſupra.	La 6. au deſſus.
φ	Septima borealis.	La 7. boreale.
A	Ex 3. bor. in media effuſione.	La bor. des 3. au milieu de l'effuſ.
I	Media ibidem.	La moyenne au meſme lieu.
ω	Ex 2. bor. prima ſupra hanc.	La pr. des 2. bor. au deſſus de celle-cy.
ω	Sequens ibidem.	La ſuivante au meſme lieu.
I	Ex 3. auſtr. in media effuſione.	L'auſt des 3. au mil. de l'effuſion.
	Ex 2. borealibus pracedens in parva effuſione.	La precedente des 2. boreales de la petite effuſion.
	Ex 2. auſtralibus pracedens ibidem.	La precedente des deux auſtr. dans la meſme.
	Ex 2. bor. ſequens.	La ſuiv. des 2. bor.
	Ex 2. auſtr. ſequens.	La ſuiv. des 2. auſt.

Sig.	Longitudo. Deg.	Min.	Sec.	Latitudo. Deg.	Min.	Sec.	Grandeur.	
)(	12	5	30	3	58	15	5.	
	12	33	29	4	10	14	5 †	
	12	37	0	4	43	45	5 †	
	1:	57	29	2	48	46	5.	
	13	0	30	0	59	45	5.	
	14	25	30	14	28	47	5.	
	15	8	28	15	16	15	6.	
	15	29	30	10	58	46	5.	
	16	0	29	11	32	45	5	A
	16	6	30	16	22	45	6	A
	23	39	30	2	39	20	4	I
	23	37	30	5	34	29	4	II
	24	32	29	2	14	30	4.	II
	24	52	28	5	29	30	4. A	II
							49.	

Not. Bay.	Nomina Stellarum.	Les Noms des Estoilles.
40	**Pisces.**	**Les Poissons.**
♄	*In oculo piscis australis.*	A l'œil du poisson austral.
A	*Parva infra.*	La petite au dessous.
γ	*In capite.*	A la teste.
ϰ	*Occident. in alvo.*	L'occid. au ventre.
B	*Borealis in capite.*	La bor. à la teste.
θ	*Borealis in dorso.*	La boreale au dos.
λ	*Orientalis in alvo.*	L'orient. au ventre.
ι	*Australis in dorso.*	L'australe au dos.
ω	*Australis in cauda.*	L'austr. à la queuë.
C	*Borealis ibidem.*	La bor. à la mesme.
D	*In extremo cauda supra linum.*	Au bout de la queuë sur le filet.
δ	*Sequens in lino.*	La suiv. au filet.
ε	*Prima in flexu eiusdem.*	La pr. au contour du mesme.
ζ	*Secunda sequens.*	La 2. suivante.
✠	*Borealis △ capitis.*	La boreale du △ de la teste.
✠	*Ex 3. borealis in pinna.*	La boreale des 3. à la nageoire.
K	*Secunda infra hâc.*	La 2. sous celle-cy.
✠	*Australis trianguli capitis.*	L'aust du △ de la teste.
χ	*Tertia australis in pinna.*	La 3. australe à la nageoire.
H	*In iliis.*	Aux flancs.

Sig.	Longitudo. Deg. Min. Sec.			Latitudo. Deg. Min. Sec.			Grandeur.
)(	14	24	30	9	4	30	5. B
	14	54	0	7	30	0	6.
	17	12	59	7	17	0	4.
	18	43	29	4	27	30	5.
	18	53	0	8	55	0	6.
	21	4	30	9	3	30	5.
	22	27	30	3	25	28	5.
	23	19	0	7	14	0	5.
	28	24	29	6	24	0	5.
	29	49	28	7	27	30	6.
♈	3	51	30	5	28	30	6.
	9	58	20	2	11	30	4.
	13	30	28	1	6	0	4.
	15	41	30	0	53	0	4.
	18	26	0	10	24	29	6. B
	19	19	0	13	21	30	5.
	19	25	0	12	22	0	6.
	19	29	0	19	24	30	6.
	19	31	30	11	21	30	6.
	20	22	30	12	28	0	5.

Not. Bay.	Nomina Stel- larum.	Les Noms des Estoilles.
H	Orientalis △	L'orientale du △.
φ	In alvo.	Au ventre.
π	Ex 3. australis in lino infra caudã.	L'austr. des 3. au filet sous la queuë.
ϰ	Media.	La moyenne.
ρ	Tertia borealis.	La 3. boreale.
σ	Ex 3. borealis in ore.	La boreale des 3. à la bouche.
τ	Australis ibidem.	L'aust à la mesme.
G	Media ibidem.	La moyé. à la mes.
υ	Ex 2. australis in alvo.	L'austr. des deux au ventre.
L	Borealis ibidem.	La bor. au mesme.

	Stellæ austr. hujus Constellationis.	Les Estoilles austr. de cette Constellat.
	Ex 2. præcedens in lino australi.	La preced. des 2. au filet austral.
	Sequens ibidem.	La suiv. au mesme.
E	Australis in flexu lini.	L'aust. au contour du filet.
F	Prima infra.	La pr. au dessous.
μ	Secunda sequens.	La 2. suivante.
ο	Tertia.	La 3.
ξ	Quarta iuxta nodum.	La 4. proche le nœud.

Sig.	Longitudo.			Latitudo.			Gran- deur.
	Deg.	Min.	Sec.	Deg.	Min.	Sec.	
♈	20	45	0	10	55	30	6. B
	22	21	0	15	30	28	5.
	22	38	30	1	52	0	5.
	22	38	30	5	21	30	4.
	22	59	0	9	24	28	5.
	23	3	30	23	3	29	6.
	24	12	0	20	43	28	5.
	24	37	30	22	0	30	6.
	24	40	29	17	26	29	5
	25	33	28	18	31	30	6. B
	—	—		—	—		
	—	—		—	—		
♈	2	37	30	4	35	29	5 AIR
	7	33	29	4	23	30	5. I R
	13	47	28	1	30	30	6.
	15	8	30	4	19	0	6
	18	55	28	3	2	30	5.
	21	18	0	4	40	0	5
	23	10	0	7	55	30	5.

Not. Bay.	Nomina Stellarum.	Les noms des Estoilles.
ϱ	*Quinta bor. supra nodum.*	La 5. boreale au dessus du nœud.
α	*Lucida in nodo lini.*	La luisante au nœud du filet.
	Pars tertia complectens omnes constellationes australes.	Troisiéme partie qui contient toutes les constellations australes.
41.	Cetus.	La Baleine.
	Ex 3. occidentalibus prima cauda.	La pr. des 3. occident. de la queuë.
	Secunda australis.	La 2. australe.
	3. borealis.	La 3. boreale.
ι	*Borealis in flexu cauda.*	La bor. au contour de la queuë.
β	*Australis.*	L'australe.
φ	*Ex 4. australis in eductione cauda.*	L'austr. des 4. à la naiss. de la queuë.
φ	*Secunda sequens.*	La 2. suivante.
φ	*Tertia.*	La 3.
φ	*Quarta borealis.*	La 4. boreale.
η	*Occid. in dorso.*	L'occid. au dos.
θ	*Orientalis ibidem.*	L'orien. au mesme.
τ	*Borealis in pinna.*	La boreale à la nageoire.

Sig.	Longitudo.			Latitudo.			Gran-deur.		
	Deg.	Min.	Sec.	Deg.	Min.	Sec.			
♈	23	34	29	1	38	0	5.		
	25	9	59	9	4	0	3.		
							39.		
♓	19	32	29	15	39	45	4	A	I
	21	42	30	18	19	41	4		I
	23	37	30	14	39	46	4		I
	26	46	47	9	58	10	3.		
	28	19	47	20	43	40	2.		
♈	1	22	0	14	39	30	5.		
	1	53	0	13	29	30	5.		
	3	8	25	14	8	0	5.		
	4	8	30	12	8	0	5.		
	7	33	30	16	54	29	3.		
	12	4	30	15	46	0	3.		
	13	47	0	25	0	30	4.		

Not. Bay.	Nomina Stellarum.	Les noms des Eſtoilles.
υ	*Auſtralis ibidem.*	L'auſt. à la meſ.
χ	*Parva in ventre.*	La petite au vêtre
ζ	*Lucida in ventre Baten elxaitos.*	La luiſante au ventre.
ρ	*Borealis in latere* □ *occid. in pect.*	La boreale du coſté du □ occid. à la poitrine.
ſ	*Auſtralis eiuſdem lateris.*	L'auſtr. du meſme coſté.
ο	*In collo qua apparet & diſparet.*	Au cou qui paroiſt & diſparoiſt.
ι	*Borealis in latere* □ *orientalis.*	La boreale du coſté du □ orient.
π	*Auſtralis eiuſdem. lateris.*	L'auſtrale du meſme coſté.
ξ	*Superior in capite infra genu* ♈	La ſuperieure à la teſte ſous le genou d'Aries.
ξ	*Inferior in capite.*	L'inferieure à la teſte.
δ	*Auſtralis in gena.*	L'auſt. à la jouë.
ο	*In oculo.*	A l'œil.
γ	*Borealis in gena.*	La bor. à la jouë.
μ	*In fronte.*	Au front.
α	*Lucida in mandibula.*	La luiſante à la machoire.
λ	*Borealis ibidem.*	La bor. à la meſ.

Sig.	Longitudo.			Latitudo.			Gran-deur.	
	Deg.	Min.	Sec.	Deg.	Min.	Sec.		
♈	15	12	0	31	3	28	4.	
	16	27	45	21	53	0	5.	
	17	48	15	20	17	20	3.	
	25	31	0	25	16	30	4.	
	25	54	30	28	39	29	4.	
	27	12	27	15	54	0	3.	*
	29	9	31	25	57	29	3.	
	29	33	29	28	16	0	4.	A
	29	50	30	4	18	51	4	A
♉	3	15	0	5	51	50	4.	
	3	23	0	14	31	49	3.	
	4	10	30	9	12	20	4.	
	5	14	30	12	2	20	3.	
	7	28	0	5	35	48	4.	
	10	7	32	12	56	50	2.	
	10	52	0	7	49	50	4	
							28.	

Not. Bay.	Nomina Stellarum.	Les noms des Estoilles.
42.	Orion.	Orion.
	Ex 2. pr. occidentalior in extremo clypei.	La pr. & plus occidentale des 2. au bord du bouclier.
	Sequens.	La suivante.
π	Ex 3. prima prope genu tauri.	La pr. des 3. proche le genou du taureau.
	Ex 2. australibus 1. in clypeo.	La pr. des 2. austr. du bouclier.
ο	Ex 2. boreal. praced. in clypeo.	La precedente des 2. bor. du boucl.
	Ex 2. australibus 2. in clypeo.	La seconde des 2. aust. du bouclier.
	Ex 3. secunda prope genu tauri.	La 2. des 3. proche le genou du ♉
G	Tertia ibidem.	La 3. au mes. lieu.
ο	Ex 2. borealibus sequens in clypeo.	La bor. des deux suiv. du bouclier.
I	Ex 2. parvis austr. in medio clypeo.	L'aust. des 2. petites au milieu du bouclier.
β	In pede occidentali Rigel algeuse.	Au pied occidental.
H	Ex 2. parvis borealis in medio clypei.	La bor. des 2 petites au milieu du bouclier.
ρ	Australis in extremitate orientali	L'aust. sur le bord oriental du bou-

Si-gnes	Longitudo. Deg. Min. Sec.			Latitudo. Deg. Min. Sec.			Gran-deur.
♊	7	46	20	15	26	30	4.
	7	56	22	16	49	28	4.
	8	12	19	13	3	0	4.
	8	21	20	20	1	30	4.
	9	16	20	8	16	29	4.
	9	20	19	20	55	0	4.
	9	23	48	12	25	0	4.
	9	33	20	11	5	28	6.
	10	11	19	9	6	30	4
	12	23	0	14	23	29	6.
	12	36	57	31	10	10	P.
	12	56	30	13	7	30	6.

Nor. Bay.	Nomina Stellarum.	Les noms des Estoilles.
	clypei.	clier.
τ	*In talo pedis occidentalis.*	Au talon du pied occidental.
	Parva in extremitate orientali clypei.	La petite sur le bord oriental du bouclier.
o	*Ex 3. præcedens infra cingulum.*	La preced. des 3. sous la ceinture.
E	*In femore occident.*	A la cuisse occid.
M	*Parva in latere infra brachium.*	La petite au costé sous le bras.
n	*Ex 3. australis infra cingulum.*	L'australe des 3. sous la ceinture.
P	*Parva supra hanc.*	La petite sur celle-cy.
↓	*Australis in latere.*	L'aust. au costé.
	Ex 3. præcedens in penna Orionis.	La preced. des 3. à la plume d'Orion.
γ	*In humero occidentali Belleatrix.*	A l'épaule occidentale.
↓	*Ex 4. pr. in linea recta in pectore.*	La pr. des 4. en ligne droite à la poitrine
	2. sequens in penna.	La 2. suivante à la plume.
υ	*Iuxta gladium in femore occidëtali.*	Proche l'épée à la cuisse occident.
δ	*Ex 3. borealis in capulo gladii, vul-*	La bor. des 3. de la garde de l'épée

Sig.	Longitudo.			Latitudo.			Grandeur.	
	Deg.	Min.	Sec.	Deg.	Min.	Sec.		
II	13	21	0	20	7	29	4.	
	13	35	30	29	32	0	4.	
	14	59	30	11	44	28	6	I
	15	19	0	23	32	38	5.	
	15	22	0	30	59	10	5.	
	15	54	0	19	39	20	6	
	15	57	30	25	37	10	3.	
	16	5	0	24	6	30	6.	
	16	20	0	21	22	31	5.	
	16	35	0	5	40	0	6 — I	
	16	46	47	16	52	30	2.	
	16	58	39	20	8	20	5.	
	17	30	0	5	0	0	6.	I
	17	43	0	30	37	0	4.	

Not. Bay.	Nomina Stellarum.	Les noms des Eſtoilles.
	go tres Reges.	vulgairement les 3. Rois.
A	Parva in humero occidentali.	La petite à l'épaule occidentale.
N	Ex 4. ſecunda in pectore.	La 2 des 4. à la poitrine.
●	Ex 3. media in extremo gladii.	La moyenne des 3. au bout de l'épée.
	3. in penna.	La 3. à la plume.
ι	Ex 3. auſtralis in extremo gladii.	L'auſtr. des 3. au bout de l'épée.
C	Ex 3. borealis in extremo gladii.	La boreale des 3. au bout de l'épée.
N	Ex 4. tertia in pectore.	La 3. des 4. à la poitrine
●	Ex 3. media in capulo gladii.	La moyenne des 3. ſur la garde de l'épée.
φ	Ex 3. media in capite.	La moyenne des 3. à la teſte.
λ	Ex 3. borealis in capite.	La boreale des 3. à la teſte.
D	Iuxta gladium in femore orientali.	Auprés de l'épée à la cuiſſe orient.
φ	Ex 3. orientalis in capite.	L'orientale des 3. à la teſte.
ε	In medio gladii infra tres Reges.	Au milieu de l'épée ſous les trois Rois.

Sig.	Longitudo.			Latitudo.			Gran-deur.	
	Deg.	Min.	Sec.	Deg.	Min.	Sec.		
II	18	9	27	23	36	40	2.	
	18	10	0	17	21	40	5.	
	18	10	30	19	52	20	6	
	18	44	30	23	45	29	3.	
	18	45	0	4	30	0	6.	I
	18	47	30	29	17	39	3.	
	18	48	0	28	10	10	5.	
	19	4	30	19	36	20	6.	
	19	13	42	24	34	10	2.	
	19	30	30	13	53	40	5.	
	19	35	30	13	25	40	4.	
	19	46	0	30	37	28	5.	
	19	57	30	14	4	20	5.	
	19	59	0	26	0	0	4.	

Not. Bay.	Nomina Stellarum.	Les noms des Eſtoilles.
ω	Ex 4. ultima in pectore.	La derniere des 4. à la poitrine.
ζ	Ex 3. auſtralis in capulo gladii ſive tres reges.	L'auſtrale des 3. de la garde de l'épée ou des 3. Rois.
B	In capulo.	Au pommeau de l'épée.
x	Supra genu orientale.	Au deſſus du genou oriental.
	Ad galeam.	Au caſque.
	In latere orientali ſupra ſindonem.	Au coſté oriental ſur l'écharpe.
χ	Occident. in clava.	L'occ. de la maſſuë.
u	In humero orient.	A l'épaule orient.
	In ſindone iuxta femur.	A l'écharpe proche de la cuiſſe.
	Ex 2. borealis in extremo clamidis.	La boreale des 2. au bas du jupon.
	Borealis in ſindone.	La bor. à l'écharpe.
	Ex 2. auſtralis in extremo clamidis.	L'auſt. des 2. au bas du jupon.
μ	In brachio orient.	Au bas oriental.
χ	Orient. in clava.	L'or. de la maſſuë.
'	Borealis in manu orientali.	La boreale à la main orientale.
F	Ex 2. parvis praecedens in eadem manu.	La preced. des 2. petites à la meſme main.
ζ	Auſtralis in manu	L'auſtr. à la main

Sig.	Longitudo. Deg. Min. Sec.			Latitudo. Deg. Min. Sec.			Gran-deur.
II	20	21	0	19	17	10	5.
	20	23	2	25	21	10	2.
	21	8	0	21	57	30	5.
	22	9	30	33	7	0	3 —
	22	30	0	10	10	0	6 — I
	23	48	30	21	38	29	5 I
	24	33	30	3	12	46	5.
	24	36	35	16	6	5	2.
	25	16	0	26	15	0	5 — I
	25	28	0	32	10	0	5 — I
	25	33	0	22	56	30	5 J
	26	0	0	32	55	0	5 — I
	26	28	30	14	50	40	4.
	26	46	0	3	21	15	5.
	27	45	30	8	44	18	4.
	28	46	29	7	20	40	6.

Not. Bay.	Nomina Stellarum.	Les Noms des Estoilles.
	orientali.	orientale.
F	*Ex 2. parvis sequës in manu.*	La fuiv. des 2. petites à la main.
K	*Parva bor. in eodem brachio.*	La petite bor. au mefme bras.
L	*Australis ibidem.*	L'auft. au mefme.
	Ex 3. occid. in extremo sindone.	L'occid. des 3. au bas de l'écharpe.
	Borealis.	La boreale.
	Australis.	L'auftrale.

Not. Bay.	Eridanus.	Le fleuve Eridan.
43.		
α	*In extremo fluvii* Alcarnar.	A l'extremité du fleuve.
χ	*Prima in reversione fluvii.*	La pr. en remontant le fleuve.
φ	*Secunda.*	La 2.
χ	*Tertia.*	La 3.
ι	*Quarta.*	La 4.
θ	*Quinta.*	La 5.
τ	*Ex 2. borealis infra cete.*	La bor. des 2. fous la baleine.
τ	*Australis.*	L'auftrale.
	Sexta.	La 6.
	Septima.	La 7.

Sig.	Longitudo.			Latitudo.			Gran-deur.
	Deg.	Min.	Sec.	Deg.	Min.	Sec.	
♊	28	48	10	9	15	15	4.
	29	33	0	7	19	16	6.
	29	55	0	11	30	10	6.
♋	0	4	0	13	57	0	6.
	0	7	0	29	30	0	4 —— I
	1	0	0	29	12	0	5 — I
	2	30	0	30	33	0	5 — I
							63.
	———	———		———	———		
	———	———		———	———		
♓	11	15	0	59	30	0	P.
	21	4	0	56	38	0	4.
	25	9	0	58	55	0	4.
♈	2	21	0	57	30	0	3.
	10	24	0	54	10	0	3.
	17	54	0	54	15	0	3.
	27	34	0	32	10	0	4.
	28	14	0	34	50	0	4.
♉	4	14	0	51	50	0	4.
	7	14	0	53	20	0	4.

Not. Bay.	Nomina Stellarum.	Les noms des Eſtoilles.
	Octava.	La 8.
	Nona.	La 9.
	Decima.	La 10.
υ	Vndecima.	La 11.
υ	Duodecima.	La 11.
	Pr. poſt flexum in reverſione fluvii.	La pr. aprés le contour en remontant le fleuve.
	Secunda.	La 2.
	Tertia.	La 3.
	Quarta.	La 4.
	Quinta.	La 5.
	Sexta.	La 6.
	Septima.	La 7.
σ	Prima in reverſione fluvii infra collum cete non apparet.	La pr. en remontāt le fleuve ſous le col de la baleine ne paroiſt plus.
η	Secunda.	La 2.
ρ	Tertia.	La 3.
ζ	Quarta.	La 4.
ε	Quinta.	La 5.
π	Sexta.	La 6.
δ	Septima.	La 7.
	Ex 2. bor. in parvo brachio fluvii.	La bor. des 2. ſur le petit bras du fl.
γ	Octava.	La 8.
	Auſtralis in eodem brachio fluvii.	L'auſtr. au meſme bras du fleuve.

Sig.	Longitudo.			Latitudo.			Grandeur.	
	Deg.	Min.	Sec.	Deg.	Min.	Sec.		
♉	10	14	0	52	50	0	4.	
	18	14	0	53	0	0	4.	
	20	34	0	55	40	0	4	
	26	34	0	50	20	0	4	
	27	24	0	51	40	0	4	
	17	4	0	43	10	0	4	
	14	34	0	43	0	0	4	
	13	54	0	42	20	0	5	
	13	44	0	41	10	0	4	
	9	54	0	38	50	0	4	
	6	14	0	38	0	0	4	
	1	14	0	38	30	0	4	
	2	10	0	24	40	0	4	†
	4	34	0	24	33	50	3.	
	7	0	0	23	58	20	4	
	9	40	0	25	58	0	3	
	14	9	0	27	46	50	3.	
	16	6	30	31	8	40	4	
	16	31	0	28	46	10	3.	
	17	49	0	18	16	30	4.	Ⅱ
	19	42	0	33	13	0	3.	
	21	31	0	22	44	50	4	Ⅱ

O iij

Not. Bay.	Nomina Stellarum	Les noms des Estoilles.
A	Nona.	La 9.
o	Decima.	La 10.
e	Vndecima.	La 11.
D	Duodecima.	La 12.
ξ	Decimatertia.	La 13.
	Nova in brachio australi fluvii.	La nouv. au bras aust du fleuve.
,	Decimaquarta.	La 14.
C	Decimaquinta.	La 15.
μ	Decimasexta.	La 16.
ω	Decimaseptima.	La 17.
B	Decimaoctava.	La 18.
ψ	Decimanona.	La 19.
λ	Prima fluvii supra pedem Orionis.	La pr. du fleuve sur le pied d'Orion.
β	Borealis supra.	La bor. au dessus.

44.	Lepus.	Le Lievre.
e	In extremo pede anteriori.	Au bout du pied de devant.
μ	In capite.	A la teste.
ι	Borealis ad aurem praecedentem.	La bor. à l'oreille precedente.
x	Australis ibidem.	L'aust. à la mesme.
λ	Australis ad au-	L'aust. à l'oreille

Sig.	Longitudo. Deg.	Min.	Sec.	Latitudo. Deg.	Min.	Sec.	Grandeur.
♉	25	13	0	30	24	49	5.
	25	17	0	27	31	50	4
	26	22	0	28	9	20	4
	27	0	0	28	25	0	6.
	28	44	0	25	50	0	4
♊	1	10	0	36	0	0	3. N
	2	39	0	25	11	0	4
	3	0	0	24	35	0	6.
	5	9	30	25	35	30	4
	6	54	30	27	51	0	5.
	7	32	0	27	35	0	6. †
	9	5	30	29	51	10	5.
	11	6	0	31	34	0	4
	11	8	0	27	53	0	3.
							46.
♊	7	48	30	44	58	25	4
	11	12	0	39	2	21	5.
	11	37	30	34	32	20	5.
	11	43	30	35	52	21	5.

Nor. Bay.	Nomina Stellarum.	Les noms des Estoilles.
	rem sequentem.	suivante.
'	Borealis ibidem.	La bor. à la mesme.
β	Australis in armo.	L'aust. à l'espaule.
α	Borealis ibidem.	La bor. à la mes.
γ	Ex 2. aust. in pede posteriori.	L'australe des 2. au pied de derriere.
ζ	In lumbis.	Aux reins.
δ	Ex 2. bor. in pede posteriori.	La bor. des 2. au pied de derriere.
η	Præcedens in dorso.	La preced au dos.
θ	Sequens in dorso.	La suiv. au dos.

45.	Canis major.	Le grand Chien.
ζ	In genu pedis aust. anterioris.	Au genou du pied austral de devant.
β	In annulo collari.	A l'ann. du collier.
ξ	Austr. in pectore	L'aust. au poitrail.
ν	Ex 3. media in collario.	La moyenne des 3. au collier.
'	Austr. iuxta hanc.	L'australe proche celle-cy.
'	Borealis ibidem.	La bor. au mesme.
ξ	Borealis in pectore	La bor. au poitrail.
α	Sirius Canicula.	Sirius Canicule.
θ	In aure boreali.	A l'oreille boreale.

Sig.	Longitudo.			Latitudo.			Grandeur.
	Deg.	Min.	Sec.	Deg.	Min.	Sec.	
♊	13	37	0	36	12	24	5.
	13	50	0	35	16	25	6.
	15	29	7	41	55	50	3.
	17	12	30	41	4	0	3.
	20	44	30	45	48	0	3.
	21	49	30	38	14	22	4.
	22	59	0	44	16	20	3.
	24	50	30	37	39	0	4
	27	45	0	38	24	20	4
							13.
♋	2	35	20	51	48	20	3.
	5	10	50	41	20	20	2.
	6	28	18	46	12	0	5.
	8	0	50	42	15	0	5.
	8	10	50	42	28	0	5.
	8	35	50	41	15	0	5.
	8	38	20	45	32	0	5.
	10	4	47	39	32	0	P.
	12	29	50	34	52	0	4.

Not. Bay.	Nomina Stellarum.	Les noms des Eſtoilles.
μ	In fronte.	Au front.
ι	Orient. in colari.	L'oriét. du collier.
ο	Ad oculum auſtr.	A l'œil auſtral.
κ	Praced. in armo b.	La pr. à l'épaule b.
	Auſtralis in femore poſteriori.	L'auſt. à la cuiſſe de derriere.
γ	In aure auſtrali.	A l'oreille auſtr.
ε	Borealis in femore poſteriori.	La bor. à la cuiſſe de derriere.
θ	Sequens in armo boreali.	La ſuivante à l'épaule boreale.
δ	Praced. in dorſo.	La preced. au dos.
ν	Sequens.	La ſuivante.

46.	Columba.	La Colombe.
	In cauda.	A la queuë.
	Auſt. in ala boreali.	L'auſt. à l'aiſle bor.
	Borealis ibidem.	La bor. à la meſme.
	In corpore.	Au corps.
	In eductione ala borealis.	A la naiſſance de l'aiſle boreale.
	In collo.	Au col.
	Prima in ramo ſupra temonem.	La pr. au rameau ſur le timon.
	Secunda ad roſtrũ.	La ſeconde au bec.

Sig.	Longitudo.			Latitudo.			Gran-deur.	
	Deg.	Min.	Sec.	Deg.	Min.	Sec.		
♋	12	55	20	36	45	0	5.	
	12	58	19	42	22	0	5.	R
	13	31	20	39	32	0	4	
	14	4	50	46	41	20	5.	
	15	28	19	54	52	0	3.	
	15	54	20	38	4	20	3.	
	16	49	50	51	26	20	3.	
	16	58	50	46	11	20	5.	
	19	23	20	48	31	30	3.	
	25	39	50	51	26	20	3.	
							19.	
♊	14	38	19	59	32	0	4	
	18	28	20	57	22	0	4	
	19	28	18	55	12	0	4	
	21	28	18	59	22	0	2	
	22	58	19	57	22	0	2	
	24	58	19	59	32	0	4	
	26	24	30	55	50	0	4	
♋	2	28	18	61	12	0	4	

Not. Bay.	Nomina Stellarum.	Les Noms des Estoilles.
	Tertia in ramo.	La 3. au rameau.
	Quarta.	La 4.
	Quinta in extremo rami.	La 5. au haut du rameau.
47.	**Canis minor.**	*Le petit Chien.*
•	*Parva borealis in capite.*	La petite boreale à la teste.
β	*Lucida in collo.*	I a luis. au col.
γ	*Parva orientalis in capite.*	La petite orientale à la teste.
η	*Parva in collo.*	La petite au cou.
δ	*Borealis in pede sequenti anteriori.*	La bor au pied suivant de devant.
δ	*Australis ibidem.*	L'austr. au mesme.
α	*Procion in ventre.*	Procion au ventre.
ζ	*In pede præcedenti posteriori.*	Au pied precedent de derriere.
	Præcedens in pede seq. posteriori.	La preced. au pied suiv. de derriere.
	In cauda.	A la queuë.
	Seq. in pede posteriori.	La suiv. au pied de derriere.

Sig.	Longitudo.			Latitudo.			Gran-deur.	
	Deg.	Min.	Sec.	Deg.	Min.	Sec.		
♋	3	48	20	58	32	0	4.	
	5	28	19	56	42	0	4.	
	6	38	20	55	42	0	4.	
							11.	
♋	17	45	0	12	15	0	6 —	
	18	1	50	13	33	40	5 †	
	18	40	50	12	51	10	6 —	
	18	48	0	14	30	0	6 —	
	20	50	0	18	5	0	6.	
	21	0	0	19	10	0	6 —	
	21	40	27	15	57	10	P. vel 2.	
	24	50	0	18	0	0	6	
	25	49	0	17	16	0	6.	I
	26	0	0	14	45	0	6.	I
	26	30	0	17	2	0	6	I
							11.	

Not. Bay.	Nomina Stellarum.	Les noms des Estoilles.
48.	Unicornu.	La Licorne.
	Infra unicornu.	Sous la corne.
	In naribus.	Aux nazeaux.
	In unicornu.	A la corne.
	In genu pedis elati.	Au genou du pied levé.
	Australis ibidem.	L'aust. au mesme.
	Supra oculum.	Sur l'œil.
	In ore.	A la bouche.
	In fronte.	Au front.
	Infra aurem.	Sous l'oreille.
	In collo.	Au cou.
	In iuba supra collum.	Aux crins sur le cou.
	In dorso.	Au dos.
	In ventre.	Au ventre.
	Pr. aust. in lumbis.	La 1 aust. aux reins.
	Secunda borealis.	La 2. boreale.
	Tercia orientalis.	La 3. orientale.
	Prima in cauda.	La pr. à la queuë.
	In poplite pedis posterioris	Au jarret du pied de derriere.
	In eodem pede.	Au mesme pied.
	2. bor. in cauda.	La 2. b. à la queuë.
	Tertia.	La 3.
	Quarta in extremo cauda.	La 4 au bout de la queuë.
	5. supra hanc.	La 5. sur celle-cy.

Sig.	Longitudo.			Latitudo.			Grandeur.
	Deg.	Min.	Sec.	Deg.	Min.	Sec.	
♋	2	25	0	12	4	0	6	I
	2	31	0	18	46	28	4	I
	3	40	0	11	10	0	6	I
	3	45	0	28	3	30	5	II
	4	6	0	29	48	29	4	II
	4	21	0	15	56	0	4	II
	4	21	0	18	23	29	5	II
	6	13	0	13	14	30	4	III
	7	59	0	14	58	30	5	III
	8	37	30	20	32	28	4	I
	11	45	0	10	35	0	6	I
	15	23	0	22	46	29	4	II
	25	20	0	30	0	0	3	II
	27	35	0	22	15	0	6	II
	28	20	0	19	40	0	6	II
♌	0	28	0	21	42	0	6	
	5	22	0	23	15	0	3	
	5	31	0	32	7	4	4	II
	5	51	30	38	31	0	4	III
	6	54	0	20	30	0	6	II
	11	25	50	24	29	30	4	I
	13	50	50	32	36	0	6	II
	14	15	0	30	18	0	4	

Nor. Bay.	Nomina Stellarum.	Les noms des Estoilles.
49.	**Argo Navis.**	**Le Navire d'Argos.**
α	In temone Canopus.	Au gouvernail Canope.
G	Auſt. ad carinam puppis.	L'auſt. à la carine de la pouppe.
H	Boreal. in temone.	La bor. au gouvernail.
ι		
υ	Bor. ad carinam puppis.	La bor. à la carine de la pouppe.
λ	Quæ proxima cauda canis maioris in eadem carina.	Celle qui eſt proche la queuë du grand chien à la meſme carine.
π	Prima in ſcuto.	La pr. ſur l'écu.
ρ	Auſtr. in ſcuto.	L'auſtrale à l'écu.
χ	In medio ſcute, Markeb.	A milieu de l'écu.
ε	In extremo ſcuto.	Sur le bord de l'écu.
ξ	Borealis in ſcuto.	La bor. de l'écu.
θ	Seq. ſupra hanc.	La ſui. ſur celle-cy.
Y	Ex 3. bor. ſuper foramen temonis.	La bor. des 3. ſur le trou où paſſe le gouvernail.
τ	Pr. ſuper tranſtra proxima ſcuto.	La pr. ſur les bancs proche de l'écu.
E	Parva bor. in puppi ſupra ſcutum.	La petite bor. à la pouppe au deſſus de l'écu.

Sig.	Longitudo. Deg. Min. Sec.			Latitudo. Deg. Min. Sec.			Grandeur.
♋	9	24	25	75	0	0	P
	15	54	0	65	30	0	5
	21	24	30	71	45	0	5
	27	4	28	52	40	0	4
	27	4	29	58	20	0	3
	28	24	28	45	10	0	4
	28	24	30	49	10	0	4
	29	24	30	47	28	3	3
♌	1	34	30	49	0	0	4
	1	44	28	44	58	30	3
	2	0	0	45	40	0	4
	2	9	0	55	40	0	5
	2	24	27	49	30	0	4
	3	24	27	42	10	0	5

Not. Bay.	Nomina Stellarum.	Les noms des Estoilles.
φ	Ex 3. auſt. ſupra foramen temonis.	L'auſ. des 3. au deſſus du trou où paſſe le gouvern.
I	Media inter temonem & 1. remem.	Entre le timon & la pr. rame.
φ	Ex tribus media, ſupra foramen temonis.	La moyenne des 3. au deſſus du trou du gouvernail.
χ	1. ad tranſtra.	La 2. ſur les bancs.
ι	In extremo puppis.	Au haut de la pouppe.
γ	3. ad tranſtra.	La 3. ſur les bancs.
ψ	4. ibidem.	La 4. ſur les meſ.
β	5. ad tranſtra.	La 5. ſur les bancs
R	Parua inter pr. & 2. remem.	La petite entre la pr. & la 2. rame.
ω	Sexta.	La 6.
A	Septima.	La 7.
ω	Octava.	La 8.
δ	Nona.	La 9.
λ	Decima.	La 10.
ζ	Inter 3. & 4. remem.	Entre la 3. & la 4. rame.
●	Ex 2. præcedens in ſummo malo.	La preced de 2. au haut du mas.
●	Ex 2. borealis in medio malo.	La bor. des 2. au milieu du mas.
●	Auſtr. in eodem.	L'auſt. au meſ. lieu.
●●	Ex 2. ſequens in	La ſuiv. des deux

Sig.	Longitudo.			Latitudo.			Grandeur.
	Deg.	Min.	Sec.	Deg.	Min.	Sec.	
♌	4	4	0	58	30	0	4 —
	4	9	0	63	0	0	4
	4	54	0	57	40	0	4
	6	9	0	49	40	0	4 —
	7	18	0	43	18	30	3 —
	7	24	0	54	55	0	2 —
	7	54	0	57	40	0	4 —
	9	54	0	51	15	0	2 —
	10	24	0	64	30	0	6 —
	12	14	0	59	20	0	4 —
	15	54	0	57	30	0	4 —
	16	24	0	60	30	0	4 —
	17	14	0	59	30	0	2 —
	19	24	0	57	40	0	4 —
	22	24	28	64	30	0	2 —
	24	50	0	41	15	0	5 —
	25	24	0	46	35	0	5 —
	25	40	0	48	45	0	5 —

Not. Bay.	Nomina Stellarum.	Les noms des Eſtoilles.
	ſummo malo.	au haut du mas.
P	11. ad tranſtra.	La 11. ſur les báncs.
	Infra navem ſupra caput Doradis.	Sous le navire au deſſus de la teſte du Dorade.
P	12. ad tranſtra.	La 12. ſur les bács.
π	Supra 5. remem.	Au deſſus de la 5. rame.
P	Decimatertia.	I à 13.
K	Inter 4. & 5. remem.	Entre la 4. & la 5. rame.
ι	Vltima ad tranſtra.	La der. ſur les bács.
q	Ex 2. bor. inter 6. & 7. remem verſus proram.	La bor. des 2. entre la 6. & 7. la rame vers la prouë.
θ	Auſtralis ibidem.	L'auſt. au meſ. lieu.
μ	Supra carinam inter 4. & 5. remem	Sur la carine entre la 4. & la 5 rame.
M	Supra carinam inter 5. & 6. remem.	Sur la carine entre la 5. & la 6. rame
B	Bor. inter 2. ultimas remes.	La bor. entre les 2. dernieres rames.
L	Auſtal. in fractura prora ſuper 7. remem.	L'auſt. à la fracture de la prouë ſur la 7. rame.
L	Bor. in eadem ſuper 8. remem.	La bor à la meſme ſur la 8. rame.
C	Quæ iuxta fracturam ultima re-	Celle qui eſt proche de la fracture

Sig.	Longitudo.			Latitudo.			Gran-deur.
	Deg.	Min.	Sec.	Deg.	Min.	Sec.	
♌	26	4	0	41	40	0	5 ▬
	28	24	0	57	15	0	5 ▬
	28	40	0	82	50	0	5 ▬
♍	1	9	0	56	20	0	5 ▬
	1	30	0	63	20	0	2 ▬
	2	9	0	59	30	0	5 ▬
	4	24	0	68	0	0	5 ▬
	8	54	0	55	26	0	2 ▬
	15	14	0	65	0	0	5 ▬
	16	50	0	66	25	0	2 ▬
	18	54	0	72	20	0	3 ▬
	20	33	0	70	30	0	5 ▬
	25	0	0	61	55	0	4 ▬
	28	30	0	66	30	0	5 ▬
	28	35	0	64	35	0	5 ▬

Not. Bay.	Nomina Stellarum.	Les noms des Eſtoilles.
	mis.	de la dern. rame.
'	Prima in rupe ſaxoſa.	La pr. ſur le rocher ou écueil.
S.	Secunda ſuper 6. remem.	La 2. ſur la 6. rame.
N a	3. ſupra remem ſemifractam.	La 3 ſur la rame à moitié rōpuë.
S.	4. iuxta 7. remem	La 4. proche la 7. rame.
N b	5. inter 7. & 8. remem.	La 5. entre la 7. & la 8. rame.
D a	6. in rupe ſaxoſa, ſive ad caudam Centaur:.	La 6. ſur le rocher ou à la queuë du Centaure.
S	7. in extremitate 7. remis.	La 7. au bout de la 7. rame.
N c	8. in rupe ſaxoſa infra caudã Centauri.	La 8. au rocher ſous la queuë du Centaure.
D b	9. iuxta extremitatem 8. remis.	La 9. proche le bout de la 8 rame.
N d	10. iuxta extremitatem 7. remis.	La 10. proche le bout de la 7 rame.
D c	11. iuxta extremitatem 8. remis.	La 11 proche le bout de la 8. rame.
D d	12. borealis ſupra hanc.	La 12. bor. au deſſ. de celle-cy.
N e	13. prope tibiam centauri.	La 13 proche la jãbe du centaure.

Sig.	Longitudo.			Latitudo.			Gran-deur.
	Deg.	Min.	Sec.	Deg.	Min.	Sec	
♍	29	45	0	62	50	0	4 —
♎	1	50	0	67	0	0	3 —
	3	24	0	69	50	0	6 —
	8	25	0	65	30	0	5 —
	8	40	0	69	20	0	6 —
	12	14	0	67	10	0	5 —
	13	24	0	48	30	0	4 —
	15	14	0	69	25	0	6 —
	15	40	0	59	10	0	5 —
	16	25	0	62	10	0	4 —
	17	14	0	67	30	0	5 —
	19	44	0	61	0	0	4 —
	20	27	0	58	20	0	4 —
	21	14	0	56	55	0	5 —

Not. Bay.	Les noms des Estoilles.	Nomina Stellarum.
D e	14. *in extremitate 8. remis.*	La 14. au bout de la 7. rame.
,	15. *iuxta caput piscis volantis.*	La 15. proche la teste du poisson volant.
D f	16. *Sub pede posteriori centauri.*	La 16. sous le pied de derriere du centaure.
D g	17. *australis in undis.*	La 17. aust. sur les ondes.
D h	18. *Inter pedes centauri.*	La 18. entre les pieds du centaure.

50.	Hidra.	L'Hidre femelle.
δ	*Pr. in capite.*	La pr. à la teste.
σ	2. *super maxillam.*	La 2. sur la mach.
η	*Tertia Ibidem.*	La 3. au mes. lieu.
ε	*Quarta in vertice.*	La 4. au sommet de la teste.
ρ	*Quinta iuxta hãc.*	La 5. proche celle-cy.
	Ex 2. praced. infra maxillam.	A la preced. des 2. sous la machoire.
ζ	*Sexta in capite.*	La 6. à la teste.
	Ex 2. sequens infra	La suiv. des 2. sous

Sig.	Longitudo. Deg. Min. Sec.			Latitudo. Deg. Min. Sec.			Gran-deur.
♎	22	24	0	68	25	0	4
	27	24	0	71	50	0	3 —
	27	34	0	61	35	0	4 —
♏	5	4	0	66	30	0	4 —
	7	54	0	58	0	0	4 —
							66.
♌	6	7	30	12	27	0	4 —
	7	11	30	14	36	50	5
	8	8	0	14	16	20	4 —
	8	10	0	11	8	0	4 —
	8	44	30	11	36	0	5
	8	50	0	18	15	0	5 — I
	10	22	30	11	1	0	4

Q

Not. Bay.	Nomina Stellarum.	Les noms des Eſtoilles.
	maxillam.	la machoire.
ω	Vltima in capite.	La dern. à la teſte.
θ	In collo.	Au cou.
	Ex 3. auſt. ad pr. nodum.	L'auſt. des 2. ſur le pr. nœud.
	Media.	La moyenne.
	Tertia borealis.	La 3. boreale.
	Ex 2. auſt. praced. iuxta cor hydræ.	La preced. des 2 auſtral. proche le cœur de l'hydre.
	Ex 2. bor. praced. iuxta cor hydra.	La preced. des 2. boreal. proche le cœur de l'hydre.
	Sequens.	La ſuivante.
	Ex 2. auſtr. ſeq iuxta cor.	La ſuiv. des 2 auſt. proche le cœur.
τ	Ex 3. auſt. poſt collum.	L'auſt. des 3. aprés le cou.
τ	2. ſequens.	La 2. ſuivante.
	Parva borealis ſupra cor.	La petite bor. au deſſus du cœur.
	Nova infra cor.	La nouvelle ſous le cœur.
α	Cor hydra Alphar	Le cœur de l'hyd.
ι	Ex 3. borealis poſ. collum.	La bor. des 3. aprés le cou.
x	Ex 2. auſt. praced. ad 2. nodum.	La preced. des 2. auſtrales ſur le 2. nœud.

Sig.	Longitudo.			Latitudo.			Grandeur.	
	Deg.	Min.	Sec.	Deg.	Min.	Sec.		
♌	11	59	0	19	10	0	5	I
	13	13	30	11	5	20	6 —	
	16	30	30	13	5	0	4	
	18	15	0	23	50	0	6	I
	18	25	0	21	50	0	6.	I
	18	45	0	20	35	0	6;	I
	19	55	0	23	35	0	6.	I
	20	0	0	19	0	0	6.	I
	20	40	0	19	5	0	6.	I
	21	15	0	23	55		6.	I
	21	15	30	16	46	0	5.	
	21	33	30	15	0	0	5	
	22	2	0	19	45	0	6.	
	23	0	0	26	15	0	5.	N
	23	6	37	22	23	50	P.	
	23	26	0	14	17	20	4	
	28	32	30	26	33	30	4	

Nor. Bay.	Nomina Stellarum.	Les noms des Estoilles.
	Parva inter pr. & 2. nodum.	La petite entre le pr. & 2. nœud
υ	*Ex 2 aust. seq. ad 2. nodum.*	La suiv. des 2. aust. sur le 2. nœud.
	Parva bor. ad 3. nodum.	La petite bor. au 3. nœud.
	Australis ibidem.	L'aust. au mesme.
υ	*Ex 2. bor. præced. ad 2. nodum.*	La preced. des 2. boreales sur le 2. nœud.
λ	*Sequens ibidem.*	La suiv. au mesme.
	Ex 3. austr. ad 3. nodum.	L'aust. des 3. sur le 3. nœud.
	Media.	La moyeune.
	Tertia borealis.	La 3. boreale.
μ	*Prima inter 3. & 4. nodum.*	La pr. entre le 3. & 4. nœud.
φ	*Secunda.*	La 2.
'	*Tertia.*	La 3.
B	*Quarta.*	La 4.
B	*Quinta sub basi crateris.*	La 5. sous le pied de la coupe.
χ	*Sexta austr. infra crater.*	La 6. aust. sous la coupe.
ξ	*Ex 3. pr. super 4. nodum.*	La pr. des 3. sur le 4. nœud.
ο	*Media.*	La moyenne.
β	*Tertia.*	La 3.
ψ	*Parva post corvum.*	La petite aprés le

Sig.	Longitudo.			Latitudo.			Gran-deur.
	Deg.	Min.	Sec.	Deg.	Min.	Sec.	
♌	29	20	0	20	0	0	6 — I
♍	1	30	0	26	12	0	5.
	2	40	0	11	50	0	6 — I
	3	50	●	18	10	0	6 — I
	4	10	0	23	13	0	5.
	5	15	0	21	51	0	4
	5	55	0	17	50	0	6 — I
	7	25	0	13	59	0	6 — I
	7	45	0	12	15	0	6 — I
	10	53	30	24	38	0	4
	14	3	30	23	31	0	5.
	16	13	0	21	48	30	4
	16	50	0	22	15	0	6.
	19	45	0	23	40	0	6.
	25	11	0	30	17	0	5.
♎	5	2	30	31	30	0	4
	7	22	0	33	10	0	4
	9	2	0	31	20	0	3.

Not. Bay.	Nomina Stellarum.	Les Noms des Eſtoilles.
		corbeau.
γ	Sequens.	La ſuivante.
π	5. & ult. nodi.	Au 5.& der. nœud.
	Prima in extrema cauda.	La pr. à l'extr. de la queuë.
	Secunda.	La 2.
	Tertia.	La 3.
	Vltima cauda.	La derniere de la queuë.

51.	Crater.	La Coupe.
α	Bor. in baſi crateris.	La bor. au pied de la coupe.
ε	Pr. in apertura crateris.	La pr. à l'ouverture de la coupe.
δ	Occid. in cratere.	L'oc de la coupe.
χ	Parva in apertura crateris.	La petite à l'ouv. de la coupe.
β	Auſt. in baſi crateris.	L'auſt. au pied de la coupe.
θ	Bor. in cratere.	La b. de la coupe.
γ	Orient. in cratere.	L'or. ſur la coupe.
λ	Parva infra hanc.	La petite ſous celle-cy.
ι	Parva in media	La petite au mil. de

Sig.	Longitudo. Deg. Min. Sec.			Latitudo. Deg. Min. Sec.			Grandeur.	
♎	20	46	0	14	37	0	6.	
	22	46	0	13	43	0	3.	
♏	4	35	0	13	55	0	3	†
	12	45	0	8	10	0	6	N
	13	20	0	8	30	0	5	N
	13	35	0	9	5	0	6.	N
	14	40	0	11	0	0	5	N
							49	
♍	19	33	0	22	41	0	4 —	
	21	49	0	13	10	0	4 —	
	22	32	30	17	25	0	4	
	23	30	0	14	5	0	6	
	24	23	30	25	36	0	4	
	24	24	0	11	17	0	4	
	25	5	0	19	39	0	4	
	25	35	0	20	50	0	6.	

Nor. Bay.	Nomina Stellarum.	Les noms des Estoilles.
	apertura crateris.	l'ouv. de la coup.
ζ	*In extremitate australi crateris.*	Sur le bord aust. de la coupe.
η	*Borealis supra.*	La bor. au dessus.

52.	Corvus.	Le Corbeau.
γ	*In ala inferiori* Algorab.	A l'aisle inferieure.
ε	*Ad oculum.*	A l'œil.
α	*In rostro.*	Au bec.
δ	*Lucida in ala superiori.*	La luis. à l'aisle superieure.
η	*Parva supra.*	La petite au dessus.
ζ	*In collo.*	Au cou.
β	*In pede.*	Au pied.
	Ex 4. prima ad caudam.	La pr. des 4. à la queuë.
	Secunda australis.	La 2. australe.
	Tertia borealis.	La 3. boreale.
	Quarta.	La 4.

Sig.	Longitudo.			Latitudo.			Gran-deur.	
	Deg.	Min.	Sec.	Deg.	Min.	Sec.		
♍	26	17	0	14	0	0	5	
	29	52	0	18	10	0	4	
♎	1	55	0	16	2	0	4	
							11.	
♎	6	35	0	14	25	0	3.	
	7	30	0	19	39	0	4	
	8	0	0	21	46	0	3. vel 4	
	9	17	0	12	7	0	3.	
	9	43	30	11	28	0	5.	
	9	36	0	18	14	0	5.	
	13	11	0	17	59	0	3.	
	18	36	47	7	51	36	5	I
	20	58	50	9	16	28	5	I
	21	59	17	6	16	30	5	I
	22	0	0	8	15	0	6.	I
							11.	

Not. Bay.	Nomina Stellarum.	Les noms des Estoilles.
53.	**Crux.**	**La Croix.**
'	*In brachio præced.*	Au bras preced.
ζ	*In pede crucis.*	Au pied de la croix.
ı	*In extremitate superiori crucis.*	Au haut de la croix.
ξ	*In brachio seq.*	Au bras suivant.
54.	**Centaurus.**	**Le Centaure.**
D	*Prima in femore posteriori.*	La pr. à la cuisse de derriere.
ע	*Sequens ibidem.*	La suiv à la mes.
ß	*Lucida ibidem.*	La luis. à la mes.
P	*Ex 3. prima in lumbis.*	La pr. des 3. aux reins.
E	*Aust. infr. lucidam.*	L'aust. sous la luis.
C	*Media in lumbis.*	La moyenne aux reins.
μ	*3. sequens ibidem.*	La 3. suiv. aux mes.
ı	*In humero austral. hominis.*	A l'épaule aust. de l'homme.
F	*In pede australi posteriori.*	Au pied austral de derriere.
o	*In dorso equi.*	Au dos du cheval.
♁	*Infra hum. austr.*	Sous l'épaule aust.
I	*In capite iuxta au-*	A la teste proche

Si-gnes	Longitudo. Deg. Min. Sec.			Latitudo. Deg. Min. Sec.			Gran-deur.
♏	2	4	0	51	0	0	3.
	3	50	0	55	10	0	2.
	5	54	0	49	0	0	2
	8	4	0	51	29	0	3.
							4.
♎	21	10	0	49	45	0	4
	23	25	0	49	0	0	3.
	25	2	0	46	20	0	2.
	25	2	0	41	10	0	5
	25	52	0	47	10	0	4
	27	22	0	40	20	0	4
	28	12	0	40	10	0	3.
	28	32	0	25	40	0	3.
♏	1	0	0	56	40	0	4
	1	22	0	37	55	0	5
	1	32	0	27	40	0	4

Not. Day.	Nomina Stellarum.	Les Noms des Eſtoilles.
	rem.	l'oreille.
H	*Borealis in capite.*	La bor. à la teſte.
K	*Sub oculo.*	Sous l'œil.
G	*Auſt. in capite.*	L'auſt. à la teſte.
ω	*In eductione dorſi.*	A la naiſſ. du dos.
q	*Parva in ventre equi.*	La petite au ventre du cheval.
τ	*In pectore.*	A la poitrine.
υ	*Australis ibidem.*	L'auſt. au meſ. lieu
φ	*Sequens ibidem.*	La ſuiv. au meſme.
θ	*In humero boreali.*	A l'épaule boreale
δ	*Lucida in ventre equi.*	La luiſ. au ventre du cheval.
M	*In axilla infra humerum borealem.*	A l'aiſſelle ſous l'épaule bor.
χ	*In eductione corporis humani.*	La bor. à la naiſſ. du corps humain.
N	*Auſtr. ibidem.*	L'auſt. au meſ. lieu
B	*Australis infra lucidam ventris.*	L'auſt. ſous la luiſ du ventre.
λ	*In umbilico.*	Au nombril.
L	*Ex 2. bor. in ſigno prope humerum.*	La bor. ſur le guidõ proc. l'épaule
A	*In armo.*	A l'épaule.
o	*Ex 2. auſt. prope humerum.*	L'auſt. des 2. proche l'épaule.
π	*Ex 2. borealis in ſigno.*	La boreale des 2 ſur le guidon.
ρ	*Australis.*	L'auſtrale.

Sig.	Longitudo.			Latitudo.			Gran-deur.
	Deg.	Min.	Sec.	Deg.	Min.	Sec.	
♏	1	34	0	20	51	0	5
	2	21	0	19	8	0	5
	2	25	0	20	12	0	5
	2	49	0	21	49	0	5
	4	32	0	35	0	0	5
	4	34	0	43	45	0	6
	5	42	0	28	30	0	4
	6	22	0	29	30	0	4
	7	32	0	28	10	0	4
	8	2	0	22	40	0	3
	8	42	0	43	10	0	2
	8	52	0	26	40	0	4
	9	12	0	30	10	0	4.vel 3
	10	2	0	31	10	0	5
	10	2	0	44		0	3.
	10	22	0	33	40	0	3.
	10	32	0	22	30	0	4.
	10	42	0	39	40	0	4
	11	32	0	23	50	0	4
	14	22	0	18	30	0	4
	14	52	0	21	10	0	4

R

Not. Bay.	Nomina Stellarum.	Les noms des Eftoilles.
x	*In brachio.*	Au bras.
ν	*In pede auftrali anteriori.*	Au pied auftral de devant.
α	*In pede boreali anteriori.*	Au pied boreal de devant.

55.	Lupus.	Le Loup.
τ	*Ex 3. auftralis in cauda.*	L'auft. des 3. à la queuë.
ι	*Secunda.*	La 2.
x	*Tertia & ultima.*	La 3. & derniere.
a	*In pede pofteriori.*	Au pied de derr.
δ	*Bor. in pede anteriori.*	La bor. au pied de devant.
ε	*Auftralis ibidem.*	L'auft. au mefme.
σ	*Bor. in extremo pede pofteriori.*	La bor. au bout du pied de derriere.
ο	*Auftralis ibidem.*	L'auft. au mefme.
π	*Ex 2. borealis in alvo.*	La bor. des deux au ventre.
β	*Auftralis.*	L'auftrale.
ζ	*Pracedens in armo.*	La precedente à l'épaule.
θ	*In latere.*	Au cofté.
ρ	*In eductione femoris.*	A la naiff. de la cuiffe.

Sig.	Longitudo.			Latitudo.			Gran-deur.
	Deg.	Min.	Sec.	Deg.	Min.	Sec.	
♏	15	12	0	25	30	0	3
	16	32	0	45	30	0	2
	26	49	0	41	20	0	P.
							3 5.
♏	14	22	0	31	40	0	5
	14	32	0	30	50	0	4
	15	22	0	29	40	0	4
	18	12	0	29	20	0	3.
	18	52	0	10	20	0	4
	19	32	0	12	10	0	4
	19	52	0	24	20	0	4
	20	22	0	25	0	0	3.
	22	32	0	27	20	0	5.
	23	12	0	29	20	0	5 nūc 3
	23	22	0	21	30	0	4
	25	22	0	25	30	0	4
	26	2	0	30	30	0	5.

Not. Bay.	Nomina Stellarum.	Les noms des Estoilles.
ϰ	Sequens in armo.	La suiv. à l'épaule.
ξ	In dorso.	Au dos.
γ	In rictu oris.	A l'ouverture de la gueule.
σ	In lumbis.	Aux reins.
υ	Parva in armo.	La petite à l'épaul.
λ	Iuxta oculum.	Proche l'œil.
ν	Australis in collo.	L'aust. au cou.
μ	Borealis.	La boreale.
57.	Turibulū, seu Ara.	L'Autel.
δ	Bor. in flamma.	La boreale dans la flame.
α	Secunda australis.	La 2. australe.
ε	Ex 2. bor. in medio flamma.	La bor. des 2. au mil. de la flâme.
ζ	Australis.	L'australe.
γ	In medio basis ara.	Au mil. de la base de l'autel.
ϰ	In infimo ara.	Au bas de l'autel.
ρ	In latere orientali ara.	Au costé oriental de l'autel.

Sig.	Longitudo.			Latitudo.			Grandeur.
	Deg.	Min.	Sec.	Deg.	Min.	Sec.	
♏	26	32	0	21	20	0	4
	27	2	0	28	50	0	5
	28	2	0	13	40	0	4
	28	2	0	33	30	0	5
	28	10	0	22	30	0	6
	29	2	0	12	10	0	4
♐	1	12	0	17	20	0	4
	1	42	0	15	40	0	4
							21.
♐	13	2	0	30	40	0	5
	13	22	0	34	30	0	4
	17	32	0	33	10	0	4
	17	42	0	34	30	0	4
	18	52	0	26	45	0	4
	20	12	0	23	0	0	5
	25	42	0	26	0	0	4
							7.

196

Not. Bay.	Nomina Stellarum.	Les noms des Eſtoilles.
57.	Corona auſtralis.	La Couronne auſt.
α	In ſecundo radio auſtrali corona.	Au 2. rayon auſt. de la couronne.
λ	In 2. radio boreali.	Au 2. rayon bor.
ϰ	Prima borealis corona.	La pr. bor. de la couronne.
ε	In 3. radio auſtr.	Au 3. rayon auſt.
ι	2. borealis corona.	La 2. bor. de la couronne.
ζ	Prima in latere auſtrali corona.	La pr. ſur le coſté auſt. de la cour.
ʼ	3. borealis corona.	La 3. bor. de la cou.
β	Secunda auſtralis.	La 2. auſtrale.
μ	4. borealis.	La 4. boreale.
η	3. auſtralis.	La 3. auſtrale.
γ	5. borealis.	La 5. boreale.
δ	6 ibidem.	La 6. au milieu.
θ	7 ſupra lucidam in genu →→	La 7. ſur la luiſante du genou du →→
58.	Piſcis notius.	Le Poiſſon auſtral.
	Auſtr. in cauda.	L'auſt. de la queuë.
	Parva ſupra.	La petite au deſſus.
	Bor. in ſpina infra caudam.	La bor. à l'arreſte ſous la queuë.

Sig.	Longitudo. Deg. Min. Sec.			Latitudo. Deg. Min. Sec.			Grandeur.	
♉	I	42	0	21	50	0	4	
	I	42	0	18	50	0	5	
	2	12	0	16	10	0	5	
	4	12	0	21	20	0	5	
	4	22	0	15	0	0	5	
	5	42	0	20	23	0	5	
	7	12	0	15	10	0	6.	
	7	22	0	20	20	0	4	
	7	42	0	15	40	0	6.	
	8	42	0	18	50	0	5	
	8	52	0	16	20	0	4	
	9	2	0	15	30	0	4	
	9	32	0	17	30	0	4	
							13.	
♒	3	42	0	22	30	0	3	I
	4	32	0	21	10	0	5	I
	6	22	0	15	10	0	3	I.

Not. Bay.	Nomina Stellarum.	Les noms des Estoilles.
	Australis ibidem	L'auſt. au meſ. lieu.
	Orient. in cauda.	L'or. à la queuë.
ι	*Ex 2. auſtralis in corpore.*	L'auſt. des 2. au corps.
θ	*Borealis ibidem.*	La bor. au meſme.
η	*In alvo.*	Au ventre.
χ	*Auſtr. in dorſo.*	L'auſt. au dos.
μ	*Borealis.*	La boreale.
λ	*Præced. in ſpina.*	La precedente à l'areſte.
β	*Ex 3. præced. in capite.*	La preced. des 3. à la teſte.
ζ	*Sequens in ſpina.*	La ſuiv. à l'arreſte.
γ	*Ex 3. ſequens in capite.*	La ſuiv. des 3. à la teſte.
ε	*Ad branchiam.*	A l'ouye.
δ	*3. in capite.*	La 3. à la teſte.
α	*In ore,* Fomahant.	A la gueule.

59.	Grus.	La Gruë.
	In ala præcedenti.	A l'aiſle preced.
	In capite.	A la teſte.
	In collo.	Au col.
	Ex 3. præced. in cauda.	La preced. des 3. à la queuë.

Sig.	Longitudo.			Latitudo.			Gran-deur.	
	Deg.	Min.	Sec.	Deg.	Min.	Sec.		
♒	6	22	0	17	20	0	4	I
	6	32	0	21	30	0	3	I
	13	32	0	18	25	0	4	
	14	22	0	16	45	0	4	
	17	42	0	15	15	0	4	
	18	0	0	22	30	0	4	
	18	20	0	19	50	0	5	
	21	22	0	15	0	0	5	
	23	12	0	20	35	0	4	
	23	42	0	15	30	0	4	
	26	42	0	22	30	0	4	
	26	52	0	16	30	0	4	
	27	52	0	22	45	0	4	
	29	36	43	20	59	40	P.	
							17.	
♒	11	59	0	32	57	0	2.	
	13	16	0	22	50	0	2.	
	13	17	0	24	56	0	4	
	14	45	0	41	36	0	5	

Not. Bay.	Nomina Stellarum.	Les noms des Estoilles.
	Ex 2. bor. praced. in collo.	La preced. des 2 bor. au col.
	Sequens borealis.	La suivante bor.
	Ex 2. praced. in eductione colli.	La preced. des 2. à la naiss. du col.
	Ex tribus borealis in cauda.	La bor. des trois à la queuë.
	Seq. in eductione colli.	La suiv. à la naiss. du col.
	Lucida in alvo.	La luis. au ventre.
	Ex 3. seq. in cauda.	La suiv. des 3. à la queuë.
	Australis in ala sequenti.	L'australe à l'aisle suivante.
	Borealis ibidem.	La bor. à la mesme.
60.	Phœnix.	Le Phenix.
	Ex 3. australis in ala pracedenti.	L'aust. des 3 à l'aisle preced.
	Qua supra hanc.	Celle qui est au dessus.
	Borealis ibidem.	La bor. à la mes.
	Praced. in eductione foci.	La prec. à la naissance du foyer.
	In ancone ala.	Au coude de l'aisl.
	Ex 2. nebul. prac.	La preced. des 2.

Sig.	Longitudo.			Latitudo.			Gran-deur.
	Deg.	Min.	Sec.	Deg.	Min.	Sec.	
♒	14	47	0	28	57	0	6.
	15	58	0	28	40	0	6
	16	23	0	31	32	0	6
	16	49	0	39	20	0	4
	17	38	0	31	35	0	6.
	18	17	0	34	36	0	2
	19	9	0	41	27	0	4
	24	8	0	36	15	0	4
	24	37	0	34	23	0	5.
							13.
♒	29	48	0	39	45	0	4
♓	0	38	0	35	50	0	5
	1	58	0	32	0	0	5
	3	58	0	53	0	0	4
	4	38	0	41	40	0	4

Not. Bay.	Nomina Stellarum.	Les noms des Eſtoilles.
	in pede pracedenti.	neb. au pied prec.
	Auſtralis ibidem.	L'auſt. au meſme.
	Auſtralis in foco.	L'auſt. ſur le foyé.
	Sequens & neb. in eodem pede.	La ſuiv. & nebul. au meſme pied.
	Parva in collo.	La petite au cou.
	In eductione colli.	A la naiſſ. du cou.
	Lucida in collo.	La luiſ. au cou.
	In foco.	Sur le foyer.
	Bor. ſupra focum.	La b. ſur le foyer.
	In ala ſequenti.	A l'aiſle ſuivante.
61.	Indus.	L'Indien.
	In cuſpide teli.	Sur le fer du dard.
	In ventre.	Au ventre.
	Ex 3. pracedens in axilla.	La prec. des 3. à l'aiſſelle.
	Sequens.	La ſuivante.
	In ſummitate teli.	Au haut du dard.
	In latere.	Au coſté.
	Tertia in axilla.	La 3. à l'aiſſelle.
	In capite.	A la teſte.
	In brachio auſtrali.	Au bras auſtral.
	In telo boreali.	Au dard boreal.
	In telo auſtrali.	Au dard auſtral.
	In telo medio.	Au dard du mil.

Sig.	Longitudo. Deg.	Min.	Sec.	Latitudo. Deg.	Min.	Sec.	Gandeur.
♓	6	53	0	45	10	0	nebul.
	7	3	0	46	0	0	4
	8	18	0	54	40	0	4
	8	23	0	45	40	0	nebul.
	10	13	0	41	3	0	5
	10	28	0	44	10	0	4
	10	35	0	40	10	0	2
	14	48	0	48	25	0	3.
	19	15	0	53	0	0	3.
	24	8	0	47	30	0	3. R
							15.
♈	15	0	0	32	35	0	5
	22	38	0	39	15	0	4
	23	48	0	33	40	0	6.
	24	16	0	33	45	0	6.
	24	40	0	27	35	0	5
	24	58	0	36	0	0	5
	25	0	0	33	53	0	6
	29	0	0	32	30	0	4
♒	1	13	0	36	55	0	4
	4	30	0	37	0	0	4
	5	45	0	40	0	0	4
	6	28	0	38	35	0	4
							12.

Not. Bay.	Nomina Stellarum.	Les noms des Eſtoilles.
62.	**Pavo.**	**Le Paon.**
	Ex 4. prima in cauda.	La pr. des 4. à la queuë.
	Secunda.	La 2.
	Tertia.	La 3.
	Quarta.	La 4.
	Auſtralis in eductione cauda.	L'auſt. à la naiſſ. de la queuë.
	Borealis ibidem.	La bor. à la meſ.
	In femore.	A la cuiſſe.
	Nebuloſa in ala.	La nebul. à l'aiſle.
	Ibidem.	A la meſme.
	In ancone eiuſdem.	Au coude de la meſme aiſle.
	Ex 3. præc. in collo.	La pr. des 3. au cou.
	Nebuloſa in ancone ala.	La nebuleuſe au coude de l'aiſle.
	Lucida in capite.	La luiſ. à la teſte.
	Ex 3. bor. in collo.	La b. des 3. au cou.
	Ex 3. ult. in collo.	La der de 3. au cou.
	In pectore.	Au poitrail.
63.	Apus, ſeu Avis Indica.	L'Oiſeau Indien.
	Ex 3. præcedens in cauda.	La preced des 3. à la queuë.

Signes	Longitudo.			Latitudo			Grandeur.
	Deg.	Min.	Sec.	Deg.	Min.	Sec.	
♓	24	50	0	41	20	0	5
	28	13	0	39	20	0	5
	29	3	0	40	30	0	5
♉	2	8	0	39	35	0	5
	2	28	0	48	27	0	6.
	3	18	0	45	40	0	5
	9	33	0	50	0	0	4
	9	53	0	46	5	0	nebul.
	11	48	0	45	20	0	3.
	16	35	0	46	32	0	3.
	17	23	0	41	45	0	6.
	17	41	0	46	10	0	nebul.
	18	9	0	36	0	0	2
	18	23	0	40	40	0	6.
	19	38	0	41	20	0	6
	21	53	0	48	30	0	3.
							16.
♓	9	0	0	59	30	0	5.

Not. Bay.	Nomina Stellarum.	Les Noms des Eſtoilles.
	Sequens.	La ſuivante.
	Tertia.	La 3.
	Ex 3. pracedens in eduction cauda.	La prec. des 3. à la naiſſ. de la queuë.
	Borealis in latere pracedenti ☐ cau-cauda.	La bor. du coſté preced. du ☐ de la queuë.
	Auſtralis eiuſdem lateris.	L'auſt. du meſme coſté.
	Ex 3. ſeq. in edu-ctione cauda.	La ſuiv. des 3. à la naiſſ. de la queuë.
	Borealis ibidem.	La b. au meſ. lieu.
	In collo.	Au cou.
	In capite.	A la teſte.
	Borealis in latere ſequntis ☐ cau-da.	La bor. du coſté ſuiv. du ☐ de la queuë.
	Auſtralis eiuſdem lateris.	L'auſt. du meſme coſté.
64.	Apis	L'Abeille.
	In ala.	A l'aiſle.
	In capite.	A la teſte.
	In cauda.	A la queuë.
	In pectore auſtrali.	Au pied auſtral.

Sig.	Longitudo.			Latitudo.			Gran-deur.
	Deg.	Min.	Sec.	Deg.	Min.	Sec.	
♐	9	15	0	57	45	0	5
	10	40	0	60	15	0	5
	13	15	0	55	0	0	5
	15	10	0	60	30	0	5
	15	30	0	61	20	0	5
	16	10	0	55	45	0	5.
	17	35	0	54	20	0	5
	18	13	0	48	6	0	5
	18	33	0	44	40	0	5
	19	0	0	59	45	0	5
	19	30	0	60	50	0	5.
							12.
♏	16	53	0	56	25	0	5
	16	58	0	54	0	0	5
	20	57	0	57	30	0	5
	23	13	0	56	5	0	5.
							4

Not. Bay.	Nomina Stellarum.	Les noms des Eftoilles.
65.	Camæleon.	Le Cameleon.
	Ex 2. in extremo cauda.	La bor. des 2. au bout de la queuë.
	Auftralis.	L'auftrale.
	In dorfo.	Au dos.
	In collo.	Au cou.
	Ex 2. auft. in medio cauda.	L'auft. des 2. au mil. de la queuë.
	Borealis ibidem.	La boreale au mef.
	Bor. in eductione cauda.	La bor. à la naiff. de la queuë.
	In pede auftrali.	Au pied auftral.
	In pede boreali.	Au pied boreal.
	Auftralis in eductione cauda.	L'auft. à la naiff. de la queuë.
66.	Triangulum auft.	Le Triangle auftr.
	Præcedens in bafi △	La preced. fur la bafe du △
	In latere præcedenti △	Sur le cofté precedent du △.
	In cufpide bor. △	A la pointe b. du △
	In latere fequenti trianguli.	Sur le cofté fuiv. du △
	Sequens in bafi.	La fuiv. fur la bafe.

Sig.	Longitudo. Deg. Min. Sec.			Latitudo. Deg. Min. Sec.			Gran-deur.
♏	23	30	0	74	26	0	5.
	24	28	0	75	12	0	5
	24	53	0	67	0	0	5
	26	8	0	63	20	0	5.
	26	13	0	73	15	0	5.
	28	8	0	73	0	0	5.
♐	0	28	0	70	38	0	5.
	1	21	0	67	25	0	5
	1	27	0	62	40	0	5.
	2	58	0	70	35	0	5.
							10.
♐	4	20	0	48	30	0	3.
	5	0	0	44	15	0	4
	5	30	0	41	0	0	3.
	8	40	0	41	40	0	5.
	14	20	0	46	20	0	3.
							5.

Not. Bay.	Nomina Stel-larum.	Les noms des Eſtoilles.
67.	Piſcis volans, ſeu Paſſer.	Le Poiſſon vo-lant.
	Borealis in aia præcedenti.	La boreale à l'aiſle precedente.
	In capite.	A la teſte.
	Auſt. in ala præced.	L'auſt. à l'aiſle pre.
	In medio corpore.	Au mil. du corps.
	Bor. in ala ſeq.	La bor. à l'aiſle ſui.
	In cauda.	A la queuë.
	Auſt. in ala ſeq.	L'auſt. à l'aiſle ſui.
68.	Dorado, ſeu Xi-phias.	Le Dorade.
	In extremo cauda.	A l'ex. de la queuë.
	In dorſo.	Au dos.
	In ventre.	Au ventre.
	In capite.	A la teſte.
69.	Nubecula major.	Le grand Nuage.
	Borealis.	La boreale.
	Nebuloſa.	La nebuleuſe.

Sig.	Longitudo. Deg. Min. Sec.			Latitudo. Deg. Min. Sec			Grandeur.	
♎	13	34	0	75	20	0	6.	
	19	53	0	72	26	0	5	
	20	7	0	82	14	0	6.	I
	24	29	0	77	20	0	6	
♏	6	13	0	76	21	0	6.	
	7	12	0	82	55	0	5	
	11	53	0	79	28	0	6.	I
							7.	
II, ♉	10	38	0	76	15	0	4	
	25	3	0	84	46	0	4	
♊	0	53	0	88	12	0	5	
	26	45	0	86	53	0	4	
							4	
♌	18	3	0	82	31	0	5	
♒	1	3	0	84	0	0	nebul.	

Not. Bay.	Nomina Stellarum.	Les Noms des Eftoilles.
	In nubecula, five in spina Dorada.	Sur le nuage, ou à la nageoire du Dorade.
70.	Toucan.	Toucan.
	In ramo.	Sur le rameau.
	In extremo roftri	Au bout du bec.
	Auftr. in pectore.	L'auftr. à la poitr.
	Borealis ibidem.	La bor. à la mefme.
	In femore.	A la cuiffe.
	In capite.	A la tefte.
	In ala.	A l'aifle.
	In cauda.	A la queuë.
71.	Hydrus.	L'Hydre.
	Vltima cauda.	La derniere de la queuë.
	Penultima.	La penultiéme.
	Antepenultima.	L'antepenultiéme.
	Ex 3. bor. in primo nodo.	La bor. des 3. au premier nœud.
	Sequens.	La fuivante.
	Tertia auftralis.	La 3. auftrale.

Sig.	Longitudo. Deg. Min. Sec.			Latitudo. Deg. Min. Sec.			Grandeur.
♒	1	23	0	87	0	0	5
							3.
♒	2	33	0	49	55	0	4
	5	18	0	45	55	0	3.
	14	18	0	55	45	0	5
	15	23	0	54	15	0	4
	16	9	0	58	20	0	3
	16	15	0	48	15	0	3
	22	23	0	57	50	0	3
	22	48	0	61	30	0	4
							8.
♂	64	0	0	5	38	0	5
	8	53	0	64	30	0	5
	13	13	0	62	40	0	.5
	13	48	0	56	0	0	5
	15	38	0	58	10	0	5
	19	15	0	60	0	0	5 R

Not. Bay.	Nomina Stellarum.	Les noms des Eſtoilles.
	In medio 2. nodi.	Au milieu du 2. nœud.
	Auſtralis in tertio nodo.	L'auſtrale ſur le 3. nœud.
	Borealis inter 2. & 3. nodum.	La bor. entre le 2. & 3. nœud.
	Borealis in tertio nodo.	La bor. ſur le 3. nœud.
	Ex tribus prima inter 3. nodum & caput.	La pr. des 3. entre le 3. nœud & la teſte.
	In capite.	A la teſte.
	Ex 3. ſequens inter 3. nodum & caput.	La ſuiv. des 3. entre le 3. nœud & la teſte.
	Tertia ibidem.	La 3. au meſ. lieu.
72.	Nubecula minor.	Le petit Nuage.
	Ex 3. præcedens.	La preced. des 3.
	Nebuloſa.	La nebuleuſe.
	Tertia boreal.s.	La 3. boreale.

Sig.	Longitudo.			Latitudo.			Gran-deur.
	Deg.	*Min.*	*Sec.*	*Deg.*	*Min.*	*Sec.*	
♒							
	4	40	0	61	20	0	5 R
	18	18	0	70	30	0	5
	21	33	0	64	0	0	5
	26	3	0	67	50	0	5
♓	1	18	0	71	12	0	4
	5	23	0	64	5	0	3
	11	53	0	71	40	0	4
	13	18	0	70	25	0	4
							14.
♈	26	29	0	64	55	0	4
♒	6	3	0	67	0	0	neb. R
	7	4	0	65	0	0	5
							3.

T

Not. Bay.	Nomina Stellarum.	Les noms des Estoilles.
73.	Rombois.	Le Romboide.
	Australis in latere pracedenti.	L'australe du costé precedent.
	Borealis ibidem.	La boreale du mesme.
	Borealis in latere sequenti.	La boreale du costé suivant.
	Australis ibidem.	L'australe au mesme.

Sig.	Longitudo. Deg. Min. Sec.			Latitudo. Deg. Min. Sec.			Grandeur.	
♒	5	48	0	78	30	0	4	1
	8	48	0	72	20	0	6	1
♓	17	10	0	75	30	0	4	R
♈	1	19	0	80	0	0	6	1

1	Ursa minor.	La petite Ourse.
2	Ursa major.	La grande Ourse.
3	Draco.	Le Dragon.
4	Cepheus.	Cephéa.
5	Giraffa.	La Giraffe.
6	Jordanis fluvius.	Le fleuve Iourdain.
7	Bootes.	Le Bouvié.
8	Corona borealis.	La Couronne bor.
9	Hercules.	Hercule.
10	Lyra.	La Lyre.
11	Tigris fluvius.	Le fleuve du Tigre.
12	Cygnus.	Le Cygne.
13	Sceptrum.	Le Sceptre.
14	Cassiopeia.	Cassiopée.
15	Perseus.	Persée.
16	Auriga Hericton.	Le Chartier.
17	Ophiucus seu Ser.	Le Serpentaire.
18	Serpens	Le Serpent.
19	Sagitta.	La Fleche.
20	Aquila.	L'Aigle.
21	Antinous.	Antinous.
22	Delphinus.	Le Dauphin.
23	Equuleus.	Le petit Cheval.
24	Pegasus.	Pegase
25	Andromeda.	Andromede.
26	Triangulum.	Le Triangle.
27	Lilium.	La Fleur de Lys.
28	Coma Berenices.	La Chev. de Beren.

Pr.	Sec.	Tr.	Qu.	Cin.	Six.		
0	2	1	5	2	9	19	0
0	7	3	12	9	8	39	0
0	1	11	13	11	1	37	0
0	0	3	11	8	12	34	0
0	0	0	2	6	20	28	0
0	1	1	8	8	12	31	1
1	0	6	13	6	12	38	0
0	1	0	4	6	8	19	0
0	0	9	17	13	24	64	1
1	0	2	3	6	5	17	0
0	0	0	15	3	20	38	0
0	1	6	15	2	15	39	0
0	0	0	1	8	8	17	0
0	0	5	6	5	20	36	0
0	1	5	12	16	12	46	0
1	1	0	8	15	22	47	0
0	0	8	11	9	3	31	0
0	1	8	9	3	24	45	0
0	1	0	3	1	4	8	0
0	1	4	1	8	10	24	0
0	0	6	1	0	5	12	0
0	0	5	0	1	5	11	0
0	0	0	4	0	0	4	0
0	3	3	9	3	7	25	0
0	3	2	9	14	5	34	1
0	0	0	3	2	0	5	0
0	0	1	2	4	0	7	0
0	0	1	11	1	0	13	0
3	23	90	208	170	271	768	3

29	Aries.	Le Belier.
30	Taurus.	Le Taureau.
31	Gemini.	Les Gemeaux.
32	Cancer.	L'Ecreviſſe.
33	Leo.	Le Lion.
34	Virgo.	La Vierge.
35	Libra.	La Balance.
36	Scorpius.	Le Scorpion.
37	Sagittarius.	Le Sagittaire.
38	Capricornus.	Le Capricorne.
39	Aquarius.	Le Verſeau.
40	Piſces.	Les Poiſſons.

41	Cetus.	La Baleine.
42	Orion.	Orion.
43	Eridanus.	L'Eridan.
44	Lepus.	Le Lievre.
45	Canis major.	Le grand Chien.
46	Columba.	La Colombe.
47	Canis minor.	Le petit Chien.
48	Unicornu.	La Licorne.
49	Argo Navis.	Le Navire.
50	Hydra.	L'Hydre femelle.
51	Crater.	La Coupe.
52	Corvus.	Le Corbeau.
53	Crux.	La Croix.
54	Centaurus.	Le Centaure.
55	Lupus.	Le Loup.

P.	Sec.	Tr.	Qu.	Cin.	Six.		
0	0	1	3	5	11	20	0
1	1	5	8	18	20	53	0
0	3	4	7	9	10	33	0
0	0	2	5	9	26	41	1
2	2	5	13	8	15	45	0
1	0	5	8	14	22	50	0
0	2	3	10	7	5	27	0
1	1	10	11	7	4	35	1
0	2	6	10	8	5	32	1
0	0	5	1	11	15	35	3
0	0	4	11	25	9	49	0
0	0	1	5	19	14	39	0
5	11	51	90	140	156	459	6.n.
0	2	8	13	5	0	28	0
1	5	4	17	20	16	63	0
1	0	10	28	4	3	46	0
0	0	4	4	4	1	13	0
1	1	6	2	9	0	19	0
0	2	0	9	0	0	11	0
0	1	1	0	0	9	12	0
0	0	2	10	3	8	23	0
1	7	7	25	22	4	66	0
1	0	3	12	13	20	49	0
0	0	0	8	1	2	11	0
0	0	4	1	5	1	11	0
0	2	2	0	0	0	4	0
1	3	7	15	8	1	35	0
0	0	2	12	6	1	21	0

56	Ara.	L'Autel.
57	Corona auftralis.	La Couronne auft.
58	Pifcis Notius.	Le Poiffon Merid.
59	Grus.	La Gruë.
60	Phœnix.	Le Phenix.
61	Indus.	L'Indien.
62	Pavo.	Le Paon.
63	Apus, feu Avis In-dica.	L'Apode, ou l'Oi-feau Indien.
64	Apis.	L'Abeille.
65	Camæleon.	Le Chameleon.
66	Triangulum auft.	Le Triangle auftr.
67	Pifcis volans.	Le Poiffon volant.
68	Dorado.	La Dorade.
69	Nubecula major.	Le grand nuage.
70	Toucan.	Le Toucan.
71	Hydrus.	L'Hydre.
72	Nubecula minor.	Le petit nuage.
73	Rombois.	Le Romboide.

P.	Svc.	Tr.	Qu.	Cin.	Six.		
0	0	0	5	2	0	7	0
0	0	0	5	6	2	13	0
1	0	3	10	3	0	17	0
0	3	0	4	2	4	13	0
0	1	3	6	3	0	15	2
0	0	3	6	3	3	12	0
0	1	3	1	5	4	16	2
0	0	0	0	12	0	12	0
0	0	0	0	4	0	4	0
0	0	0	0	10	0	10	0
0	0	3	1	1	0	5	0
0	0	0	0	2	5	7	0
0	0	0	3	1	0	4	0
0	0	0	0	2	0	3	1
0	0	4	3	1	0	8	0
0	0	1	3	10	0	14	0
0	0	0	1	1	0	3	1
0	0	0	2	0	2	4	0
7	28	77	206	169	86	579	6.n.
15	62	212	504	479	513	1806	11

Fautes à corriger.

Page 15. *adioustez pour la 6. ligne dans la colomne des grandeurs* 37

pag. 21. lig. pr. 21 53 91 *lif.* 21 53 19

pag. 24. lig. 1. *x lisez* K

pag. 27 lig. pr. 2 34 0 *lisez* 42 34 0

pag. 30. lig. 9. *ostez un*ı

pag. 31 lig. 9. *ostez* ——

pag. 34. lig. 29. *ostez un*ı

pag. 47. lig. 9 1 5 0 *lisez* 1 15 0

pag. 49. lig. 13. 51 43 0 *lisez* 51 32 0

pag. 69. lig 14. 15 42 0 *lis.* 15 42 30

    à la derniere ligne *ostez* 1

pag. 72. lig. 13. D. *lisez* d D

 Idem aux 3 dern'eres lignes il faut met-
 tre ε à la placa de ß, & ß à celle de δ,
 & à celle de ℓ

pag. 128. lig. 15. ı *lisez* γ

pag. 139. lig. pr. 1 59 59 *lisez* 1 59 45

pag. 142. lig. 19. & suivant *ostez* ↓↓ K ↓
 x H & *lisez* I ↓↓ K ↓ x

pag. 159. lig. 6. 17. 4 0 *lisez* 17 14 0

pag. 163. lig. 17. 39 32 0 *lisez* 39 32 5

pag. 205. lig. pr. 24 50 0 *lisez* 24 54 0

pag. 211. lig. 11. dans la colonne des Signes
lisez ♎

pag. 213. lig. 10   64   0   0   5 38
    lisez   5 38 0 64 0

I